シリーズ〈人間論の21世紀的課題〉

環境倫理の新展開

4

山内廣隆 *Hirotaka Yamauchi*
手代木陽 *Yo Teshirogi*
岡本裕一朗 *Yuichiro Okamoto*
上岡克巳 *Katsumi Kamioka*
長島隆 *Takashi Nagashima*
木村博 *Hiroshi Kimura*
著

ナカニシヤ出版

まえがき

地球環境問題を取り巻く状況は、この一年の間に急展開し、いまでは京都議定書のことではなく、その後のことが緊急の課題として論じられるようになった。京都議定書は決して地球温暖化防止のための絶対的切り札ではなく、暫定的なものでしかない。このように暫定的性格しかもたない国際条約ですら履行できない世界が、それ以上の温室効果ガス削減を要求されることになる、京都議定書後の条約を締結することができるのだろうか。お先真っ暗としか言いようがない。

人類は地球温暖化による危機に直面しながら、それに対する有効な手立てを打ち出せないでいる。その理由は、危機への道が同時に繁栄への道であったからにほかならない。本シリーズは、二十世紀は「科学技術の時代」であったが、二十一世紀は「倫理の時代」となるべきであるという基本認識のうえに構想されている。その意味するところは、人類を繁栄に導いたが破滅の淵へも導いた科学技術の時代の倫理に代わって、新しい倫理を構築しなければならないということである。「科学技術の時代」にはそれを支える、それに見合った近代の倫理があった。つまり、科学技術による自然支配を通じて、一人ひとりが物質的豊かさを等しく享受しうる、「普遍的同質国家」の実現を是とする倫理があった。ルートヴィヒ・ジープはこのような立場に立って形成された倫理学を「最小限の倫理学」(Minimalmoral) および「機能主義的倫理学」と呼んでいる。ジープによると、近代の倫理学は「個人は各々の願望、利益、確信について完全に自立的であってよい」とする人間像に基づいて、倫理学をこれら諸個人間の衝突を回避するための原理にまで後退させた。

このような倫理学で地球環境問題を解決するのは難しい。「なぜ地球環境を守らなければならないのか」という問いに対して、この倫理学が答えうるのは「私の生活が脅かされるから」か、せいぜい「私の子孫の生活が脅かされるから」くらいであろう。しかし、こうした経験的解答しか与えられない倫理学は、「開発か環境か」という重大な「比較考量」(Abwägung) の場面で必ず「開発」を選択することになるのである。個人を絶対的原理とするモナド論的発想しかできない最小限の倫理学は、決して全体論的、あるいは「地球公共的」地平に立つことはできない。

以上の「科学技術の時代」の倫理に代わって、新たな倫理学が構築されなければならない。ドイツには、倫理の基礎を哲学的に根拠付けていく「実践哲学」という伝統がある。この伝統を受け継ぎ、近代とは異なる新たな規範から新たな倫理学の構築を目指しているのが、ジープやマイヤー＝アービッヒなどの「規範的倫理学」である。彼らはこの規範的倫理学を、人間と自然との新しい関係のあり方を構築することによって打ちたてようと試み、その知的営みを実践的自然哲学と名づける。われわれはこうした実践的自然哲学派の営みのなかに、二十一世紀の倫理学の可能性を期待しているのである。

ジープとマイヤー゠アービッヒは全体論的立場に立ちつつ、近代倫理学の原理をそこに包摂しようと試みているが、その包摂の仕方において彼らは袂を別つ。そこに両者の哲学的倫理学の違いを見て取れるのであって、そうした彼らの哲学的倫理学がいかなるものであるかを論じるのが、本書第Ⅲ部の四つの章（9－12章）である。われわれはそこへと至る第Ⅰ部と第Ⅱ部で、重要かつ十分な準備を行なう。まず第1章では、近代自然科学が自然環境をどのように理解していたかを扱う。次に第2章で、ディープ・エコロジーにおける近代自然科学の否定の様相を明らかにし、第3章ではディープ・エコロジーを批判しつつそこに介在する問題を摘出する。第Ⅱ部の第4章と5章では、まず「超越主義」（transcendentalism）と呼ばれるアーリー・アメリカンの自然観が扱われる。さらに第6章からはドイツに目を転じ、まずカントの自然観が紹介される。そこでは現象界（自然）と叡智界の関係に着目したい。そして第7と第8の二つの章では、マイヤー゠アービッヒが高く評価するスピノザとシェリングの全体論的自然観がかなり詳しく論じられる。以上を踏まえて、先述したように、第Ⅲ部では実践的自然哲学の可能性が問われるという段取りである。

二〇〇七年九月五日

第4巻編集世話人

山内廣隆

環境倫理の新展開＊目次

目　次

環境倫理の新展開

第Ⅰ部

近代自然科学と環境

第1章　近代自然科学と人間の自然支配

1　科学革命と近代自然科学

「近代自然科学」とは通常十七世紀にヨーロッパで起こった新しい学問の方法や体系を指す。ケプラー（Johannes Kepler, 1571 - 1630）、ガリレオ（Galileo Galilei, 1564 - 1642）、デカルト（René Descartes, 1596 - 1650）、ニュートン（Isaac Newton, 1642 - 1727）らの業績がこれに該当する。近代自然科学の出現は単に学問的な発展に留まらず、近代ヨーロッパを特徴づける世界像の転換を意味し、「科学革命」と称される。T・クーン（Thomas Samuel Kuhn, 1922-1996）は科学革命が科学の累積的・連続的な発展によってではなく、ある科学者集団が共通して用いる理論的モデル（パラダイム）から別のモデルへの非連続的でダイナミックな転換によって起こると考える（『科学革命の構造』一〇八－一〇九頁）。新しい「パラダイム」としての近代自然科学の方法上の特徴は、第一に「空間の幾何学化」と言われるように、数学を自然現象の説明に適用することで、それまで各々の物体の本質に帰せられていた運動や変化を同一の規則のもとで数量的に記述するようになったこと、第二にそうした規則の実証性を裏づけるデータを獲得するための実験・観察が重視されるようになったことである。こうした新しい方法の成立により、近代自然科学はそれまでの科学にはない普遍性と精密性を獲得するに至ったが、同時に形相因や目的因に基づく有機的連関を特徴とするアリストテレス（Aristotelēs, 384b.c. - 332b.c.）的自然観が否定され、無数の歯車の規則正しい連動によって動く時計をモデルとする「機械論的自然観」が成立した。

　ところで自然を機械と見なすことからは、その仕組みを理解すれば自然を人為的に操作することが可能であるという考え方が導かれる。その考え方が当時の「技術的関心」の高まりと結びついて「自然の人為的・技術的支配」という思想に結実し、これこそが近代自然科学の思想的核心であるという解釈が、今日近代自然科学を環境問題の原因と見なす批判の根底にあると思われる。しかしこうした機械論的自然観や技術的関心がただちに「人間の自然支配」という思想に結びついたのであろうか。科学技術による人間の自然支配という思想はいかに形成されたのであろうか。そして人間の自然支配はただちに今日の環境問題の原因と言えるのであろうか。本章ではこれらの問題について検討する。

2　機械論的自然観は人間の自然支配を導いたか

機械としての自然

近代自然科学の前提である機械論的自然観の特徴は、第一に機械がさまざまな部品の組み合わせによって構成されているように、自然も独立した諸要素の結合によって成り立っているという見方にある。つまりどんなに複雑な自然現象も単純な要素に還元でき、その要素間の関係を把握できれば元の現象の仕組みも理解できるというものである（要素還元主義）。第二に物体の運動はすべて因果法則に従うという見方にある。つまりある原因にはある特定の結果が必然的に伴うのであり、原因と一定の条件が与えられれば結果はおのずから決定されるのである。

こうした機械論的自然観の典型的な例はデカルトの自然学に見出される。デカルトは精神と物体を実体的に区別する二元論に立脚し、精神の本質を「思惟」とする一方で、物体の本質を幾何学的な「延長」と見なした。かれにとって色やにおいや堅さや重さといった物体の性質は知覚経験に基づく不確かなものであり、二次的な性質として位置づけられた。そしてこの延長と並んで物体の本質と見なされたのが「運動」である。アリストテレスの自然学においては、運動は場所的変化のみならず、量的変化や質的変化を含み、事物の可能態から現実態への過程と見なされた。また「運動するものはすべて他のあるものによって運動する」のであり、運動するものはその内的本性に従うのみならず、外的起動者に依存すると考えられていたのである。これに対しデカルトは運動を物体の位置変化に限定し、物体の「慣性概念」を措定したうえで、運動は「動かされるものの内にあって、動かすものの内にあるのではない」（『哲学原理』第二部の二五）としたのである。つまり運動は現実に動かされている物体の一つの状態と見なされたのである。

このように物理的自然を幾何学的延長と力学的原理からなるものと見なしたことは、自然を機械と同質のものとして探究することを可能にした。デカルトによれば「機械学の理論はすべて自然学にもあてはまる」のであって、機械に習熟している技術者が、その機械の一部分を見ただけで、見えない他の部分がどう作られているかを容易に推測するのと同様に、自然学者は「自然の物体の感覚可能な作用や部分を通して、その物体の原因や感覚できない部分がどうなっているか」を探究することができるのである（『哲学原理』第四部の二〇三）。

神が操作する機械

自然を機械的なものと捉えることは、自然探究を容易にするのみならず、自然を人間の目的に合わせて利用し、操作することも容易にすると考えられてきた。しかしこうした機械論的自然観がただちに人間による自然支配と直結するというわけではない。デカルトは、物体の運動とその基本的原理の起源を神に求めた。神は運動の「普遍的な第一原因」であり、「神はこの上なく恒常的で不変な仕方で働く」（『哲学原理』第二部の三六）のである。つまり法則の不変性は世界に対する神の作用の不変性によって保持されているのである。これに基づいてデカルトは宇宙創生期に神が与えた運動の総量は絶対不変であるとする「運動量保存の原理」を主張するのである。自然は神により創生され、神自らが与えた法則によって支配され、操作される機械なのである。そこには人間による支配が介入する余地はなく、人間も自然の一部にすぎない。デカルトは万物が人間のために神によって造られたということは、神への感謝の念が強められ、神への愛がかき立てられる限り正しいが、「万物がわれわれのためにだけであってそれ以外に用はないとするのは、とうてい真実とは思われない」（『哲学原理』第三部の三）と述べている。デカルトは、人間はたしかに精神という面で他の自然物に優っているが、他の自然物同様に自然の一部として造られたものであるとも考えており、むしろ人間が自然のなかで特権的地位にあるという見方を傲慢として戒めるのである。

3　技術的関心は人間の自然支配を導いたか

科学と技術の協働

近代自然科学の展開は技術的関心なしにはありえなかった。古代・中世において科学に相当する学問とは、自然との接触を思弁を媒介として行なうことであり、思弁的枠組みを認識しない経験的データの集積は、技術的ではあっても科学的とは言えないと考えられてきた。錬金術がそうであったように、技術はむしろ魔術と親近性を持つものと見なされ、科学よりも一段低いレベルに位置づけられていたのである。しかしそうした魔術的伝統においても、自然法則を無視した奇跡をもくろむ「神秘的な」魔術ではなく、経験的データの蓄積に基づき改良を重ねる「合理的な」魔術が展開されることで、技術的感覚が先鋭化されていった。それはやがてルネサンスの高級職人層に受け継がれ、その頂点に立ったのがレオナルド・ダ・ヴィンチ（Leonard da Vinci, 1452 - 1519）であった。近代自然科学における実験・観察の重視という立場も、観測機器の発明など道具的な測定技術の発展による正確なデータの獲得を前提としてこそ初めて可能となったのである。自然を「数学の言語」で書かれた書物と見なしたガリレオも、自然を受動的に観察するだけではなく、実験において自然を能動的に製作するという技術的な関心を持っていたのであり、その態度を当時の機械技術者に学んだと言われている。近代に至って機械学は科学と同等の学問として位置づけられることになる。

F・ベーコンの自然観

こうした科学と技術の協働によって人間が自然を支配することを肯定的に表現したと言われるのがF・ベーコン（Francis Bacon, 1561 - 1626）である。もともと技術的関心は自然を人間の生活に役立つように利用するという目的に依存していた。近代において技術は科学と結合することで自然を征服・支配する力を持つに至ったのであり、ベーコンの「知は力なり」という言葉はそれを端的に表現したものとして、賞賛と批判両方の対象となっている。しかしはたしてベーコンには、本当に人間による自然の征服・支配を肯定する思想があったのであろうか。ベーコン自身の言葉を引用してみよう。

人間の知識と力とはひとつに合一する、原因を知らなくては結果を生ぜしめないから。というのは自然とは、これに従うことによらなくては征服されないからである。（『ノヴム・オルガヌム』「アフォリズム」〔第一巻〕の三）

「自然に従う」とはあるがままの自然の秩序を解明する科学的立場を意味し、「自然を征服する」とは自然を人間の生活に役立つように利用する技術的立場を意味する。つまり「自然に従うことによって征服する」とは、「科学＝知識」と「技術＝力」とが結合することで、人間が科学的成果に基づいて自然を意のままに支配することであると解釈された。たしかに「自然を征服する」ことには暴力的なニュアンスが含まれており、C・マーチャント（Carolyn Merchant, 1936 - ）のようにこれを男性による女性支配と結びつけて批判する解釈もある。しかしそれは「自然に従う」ことを前提としている。ベーコンは、人間は「自然の下僕」であって、人間が自然の秩序に対してできることは「実地により、もしくは精神によって観察しただけを、為しかつ知るのであって、それ以上は知らないし為すこともできない」と述べている（『ノヴム・オルガヌム』「アフォリズム」〔第一巻〕の一）。したがって「自然を征服する」といっても、それは人間が知ることのできる範囲内での自然の征服であり、全自然の征服ではない。このことはベーコンの自然観によっても裏づけられる。

ベーコンは、「宇宙の構築」は「人間の知性にとっては迷路のごときもの」で、その探究は、「時にははっきり照らし、時には隠れてしまう感覚の不確かな光の下で、経験や個々の事物の森を通って、どこまでも進められねばならない」と述べている（『ノヴム・オルガヌム』「大革新への序言」）。金子務によれば、近代自然科学が成立する十七－十八世紀においては二つの自然のイメージが交錯していた。一つはガリレオに代表される「書物＝記号」観、いま一つはベーコンに代表される「森＝迷宮」観である（金子務「「森＝迷宮」的自然観と環境科学」伊東俊太郎編『環境倫理と環境教育』〈講座　文明と環境　第14巻〉九三頁）。前者は自然を数学的言語で書かれた神の作品と見なし、その可解性を強調する。後者は自然を複雑なもの、不可解なものと見なして、ひたすら個別の経験的事実を、理性と感覚を働かせながら記載し、それらの事実から帰納的に上昇しながら、一般的・相対的真理を徐々に形成することで満足しなければならないというものである。ベーコンが取り組んだのは力学や天文学のような数学的自然科学ではなく、自然物の蒐集・分類を事とする「自然誌」あるいは「博物誌」であり、技術の役割はあくまで自然の真相を暴くことに限定されていたと考えられる。したがって、ベーコンが技術によって自然を人間の思い通りに支配することを肯定したという解釈は、むしろ今日的な科学技術の視点から過去を解釈することによって生じた誤解ではないだろうか。

4　聖俗革命と「人間の自然支配」という幻想

聖俗革命とフランス啓蒙主義

これまで見てきたように、機械論的自然観や技術的関心はそれ自身では人間の自然支配に直結するものではなかった。では何がこれらを結びつけたのか。村上陽一郎によれば、十七世紀の科学革命の担い手となった「科学者」たちは今日の科学者にはあてはまらない要素を多分に持っていた。それは神学的・形而上学的要素である。こうした要素が除去されて今日的な意味での科学が成立するのは、むしろ十八世紀の啓蒙主義の時代においてである。十七世紀は自然についての知識が、人間と神との関係において、いかなる位置を占めるかということが問われた。十八世紀になるとこうした問いそのものが風化し、言わば神が棚上げされて、知識は人間と自然のなかだけで問われるようになる。すなわち「神－自然－人間という文脈における知識の構造を、自然－人間という新しい文脈の中に鋳直す」という作業が行なわれたのである。村上はこのもう一つの革命を「聖俗革命」と称している（『近代科学と聖俗革命』〔新版〕序章）。

この革命においてとりわけ重要な貢献をしたのは、知識の集成・普及を意図して『百科全書』を編集したダランベール（Jean Le Rond d'Alembert, 1717 - 1783）、ディドロ（Denis Diderot, 1713 - 1784）をはじめとするフランス啓蒙主義者である。かれらはニュートンの法則を唯一の信頼に足る物質原理として確立することで力学体系を完成させた。その決定論的世界観はラプラス（Pierre-Simon Laplace, 1742-1827）によって余すところなく表現されている。

したがって、われわれは、宇宙の現在の状態はそれに先立つ状態の結果であり、それ以後の状態の原因であると考えなければならない。ある知性が、与えられた時点において、自然を動かしているすべての力と自然を構成しているすべての存在物の各々の状況を知っているとし、さらにこれらの与えられた情報を分析する能力をもっているとしたならば、この知性は、同一の方程式のもとに宇宙のなかの最も大きな物体の運動も、また最も軽い原子の運動をも包摂せしめるであろう。この知性にとって不確かなものは何一つないであろうし、その目には未来も過去と同様に現存することであろう。（『確率の哲学的試論』「確率について」）

この「知性」は後に「ラプラスの魔」と名づけられたが、これこそ「神という仮説を必要としなくなった」力学的世界観の勝利を象徴する存在であった（『岩波哲学・思想事典』「ラプラスの魔」の項）。この知性がただちに人間の知性を意味するものではないとしても、科学的知識が増大すればやがてはこの知性に近づくことができるという進歩への素朴な信頼が当時あったことは想像に難くない。

こうした聖俗革命は単に知識レベルでの革命に留まったのではない。それは科学が専門職業として成り立つための社会制度レベルでの革命を待って初めて完成されたと言える。フランス革命は近代自然科学にも大きな影響を及ぼした。なかでもエコル・ポリテクニクの建設によって、第一線の科学者が教壇に立つことになり、科学教育の普及と同時に、科学者が職業として成り立つ制度的な素地が築かれた。そもそもエコル・ポリテクニクは、当時産業革命が進行しつつあったイギリスに対抗して、フランスにおいても産業共和国を実現させるために、専門技術者を養成する機関として建設されたのであった。革命の申し子であるナポレオンが科学・技術を重視する政策を継承することによって、エコル・ポリテクニクは多くの有名な科学者を輩出することになる。こうして近代自然科学は技術との結びつきを深めながら、産業資本主義の成立に貢献したのである。

「人間の自然支配」という幻想

したがって、機械論的自然観が技術的関心と結びついて人間の自然支配を可能にするという思想は、まさしく聖俗革命とその後の社会制度改革を経て形成されたのであり、逆に言えば、量子力学や相対性理論といったその後の科学革命にもかかわらず、近代自然科学を現代の科学と「共約可能な」科学として位置づけることができるのは、十八世紀啓蒙主義の科学観というフィルターを通してであると言えるであろう。そして人間の自然支配を近代自然科学によって達成された輝かしい成果と賛美することも、人間の自然支配を理由に近代自然科学を現代の環境問題の原因として批判することも、人間の自然支配を「客観的な事実」と見なしている点において同じ過ちに陥っている。

環境問題が暴露したのは、人間の自然支配という「理念」そのものが誤っていることではない。もしも自然の完全な把握と正しい支配方法を獲得することができれば、このような問題は起こりえないと考えられるからである。しかし理念は単なる「統制的な」意味を持つにすぎないのであって、これを客観的な事実と見なすならば、それは幻想や妄想に転じるのではないだろうか。問題は人間が自然を完全に把握する力と支配する力を欠いているにもかかわらず、自らの支配を客観的な事実と見なして正当化してきた点にあると言えるであろう。われわれが克服すべきであるのは、こうした幻想や妄想なのである。

〔参考文献〕

金子務「「森＝迷宮」的自然観と環境科学」伊東俊太郎編『環境倫理と環境教育』〈講座　文明と環境第14巻〉（朝倉書店、一九九六年）
Ｔ・クーン、中山茂訳『科学革命の構造』（みすず書房、一九七一年）
小林道夫『デカルトの自然哲学』（岩波書店、一九九六年）
佐々木力『科学革命の歴史構造』（上・下）〈講談社学術文庫〉（講談社、一九九五年）
菅野礼司『科学は「自然」をどう語ってきたか――物理学の論理と自然観』（ミネルヴァ書房、一九九九年）
Ｒ・デカルト『哲学原理』（三輪・本田訳、増補版『デカルト著作集［３］』所収、白水社、一九九三年）
Ｆ・ベーコン、桂寿一訳『ノヴム・オルガヌム』〈岩波文庫〉（岩波書店、一九八一年）
村上陽一郎『西欧近代科学――その自然観の歴史と構造』［新版］（新曜社、二〇〇二年）

村上陽一郎『近代科学と聖俗革命』〔新版〕（新曜社、二〇〇二年）
P・ラプラス、内井惣七訳『確率の哲学的試論』〈岩波文庫〉（岩波書店、一九九七年）

第2章　近代自然科学とディープ・エコロジー

1　ノルウェイの森からのエコロジー

「環境はなぜ保護しなければならないのか？」こんな問いをすれば、「いまさらバカなことを言うな！」とたしなめられるに違いない。というのも、自然破壊が進み、環境が危機に瀕しているのは、こんにち常識となっているからだ。しかし、そもそも「自然破壊」とはどんな意味だろうか。「環境危機」は、いったい誰にとって危機なのだろうか。

「環境」の何が問題なのか

環境問題として、古くから議論された「汚染」や「資源枯渇」を考えてみよう。一見して分かるように、水質（河川・湖・海）や大気や土壌の汚染は望ましくないし、化石燃料などの天然資源も浪費によって枯渇させることは許されない。レイチェル・カーソン（Rachel Louise Carson, 1907 - 1964）は『沈黙の春』で汚染された世界を描き、ローマクラブは『成長の限界』で近未来の資源枯渇を予測したが、われわれはいずれの事態も回避したいと思っている。

したがって、環境保護を推進するには、「汚染」や「資源枯渇」と徹底的に闘うことが必要だ、と主張できるかもしれない。ところが、現代の環境思想の代表的な人物アルネ・ネス（Arne Næss, 1912 - ）は、次のように述べている。

> エコロジカルな責任のとれる政策といっても、今日、その関心は汚染と資源枯渇の範囲を超えるものではない。しかし、エコロジー運動には、より深い関心をもつものがある。……前者は現在のところ強大な運動ではあるが浅い運動であり、後者は深いけれど影響力の少ない運動である。
> （『ディープ・エコロジー』）

つまり、「汚染や資源枯渇と闘う」のは、「浅い（シャロー）エコロジー運動」であって、「先進国の人びとの健康と豊かさ」を中心的な目標としている。しかし、「シャロー・エコロジー」だけが、環境保護運動なのではない。ネスはエコロジー運動を二つに大別し、「深い（ディープ）」エコロジーを提唱するのである。では、「ディープ・エコロジー」とはどんなものだろうか。

ディープ・エコロジーのノルウェイ的ルーツ

ノルウェイの哲学者アルネ・ネスは、一九七二年に開催された「世界未来研究会議」で基調講演を行ない、翌年にその要旨を『探求』誌に発表した。このときのタイトルが、「シャロー・エコロジー運動と長期的視野を持つディープ・エコロジー運動」だった。その後、このディープ・エコロジーは、環境保護運動の国際的な高まりとともに、世界的に知られることになった。したがって、現在、ディープ・エコロジーをローカルな思想と見なすことはできない。

しかし、あまり強調されないが、ディープ・エコロジーを理解する場合、その「ノルウェイ的ルーツ」に注意しなくてはならない。「ディープ・エコロジーと命名した人物がノルウェイ出身だということは決して偶然ではない」。だが、ディープ・エコロジーはどんな意味でノルウェイ的なのだろうか。

二つのポイントを指摘しておきたい。一つは、ノルウェイの人びとに共通する「野外生活」の喜びである。ネスは、子どもの頃から住み慣れたノルウェイの自然に強い愛着を持ちながら、次のように語っている。

四、五歳の頃、ノルウェイのフィヨルド海岸を探検する機会があり、そこで、すばらしい様々な生物に興味をもちました。とくに、小魚、カニ、それにエビは、とても人懐こい仕草で私のまわりに集まってくるのです。夏の間ずっと、そうした生物といっしょに生活しました。九歳か十歳の頃には、母親の小さな別荘がある高山での生活を楽しみました。（『環境思想の系譜3』）

マルデーラ運動への参加

こうした原体験のほかに、ネスにとって決定的な役割を演じているのは、「マルデーラ運動」と呼ばれる環境保護活動である。

ノルウェイには、落差の大きな滝が数多くある。その一つ、「マルデーラの滝」を利用して、巨大な水力発電所の建設計画が、一九七〇年に政府から提出されたのである。この計画が実施されると、「ノルウェイの電気料金」はきわめて安価になる一方で、逆に緑豊かな原生林、河川や湖、周辺の渓谷など――ひとことで言えば、複雑で多様な自然――が、壊滅的な打撃を受けてしまう。

ネスは、住民や同僚たちとともに、反対陣営に立って抵抗運動を行なったが、運動自体はけっきょく敗北してしまった。しかし、この運動から多くの理論的な成果が生みだされたのである。ネスはこの経験をふまえて、ディープ・エコロジーという考えを確立し、「マルデーラ運動」を発展させたのだ。

2　ディープ・エコロジーの主張

ディープ・エコロジーの「深さ」

「ディープ・エコロジー」は、いままでの環境思想とどう違うのだろうか。注意したいのは、「シャロー」とか「ディープ」という場合、感覚的に理解してもなんら役に立たないことだ。いったいどこが「浅い－深い」のか、この点を明確にしなくてはならない。まず、ネスの説明を聞いてみよう。

ディープ・エコロジーの本質は、科学としての生態学（エコロジー）や私がシャロー・エコロジー運動と呼ぶものに比べ、より深く疑問視することにあります。「深い（deep）」という形容詞で強調される点は、なぜ、いかに、と他人が問題視しないことを私たちはするということです。

（『環境思想の系譜３』）

ここから分かるように、なぜ「深い」かといえば、ふだんは疑問視・問題視しない前提を問いただすからである。例えば、科学としての「エコロジー」は「ある生態系を維持する」にはどうするかを問う。しかし、ディープ・エコロジーは「ある生態系を維持するには、どんな社会が最善か」を問うのだ。つまり、科学では事実と規範が峻別され、価値論や倫理観は排除されるが、まさにこの点をディープ・エコロジーは問題とするわけである。

例えば、「持続可能な開発」というスローガンを考えてみよう。このスローガンは、環境と開発の共存を目指すもので、現在の環境政策の中心的な理念となっている。しかし、そのスローガンの根底には、明らかに「開発がよい」という前提が潜んでいる。すなわち、「開発＝善」が疑われることなく前提され、その上に立って環境との両立が求められるのである。これに対して、ディープ・エコロジーならば、この前提（開発＝善）そのものを疑うだろう。われわれが疑問視することなく受け入れている前提、これを問い直すのがディープ・エコロジーだからである。

しかし、こうした前提の問い直しは、われわれの考え方や生き方を根本から変えることになる。いままで自明であった前提（生き方・考え方の前提）が崩れてしまうからだ。その意味では、ディープ・エコロジーは、宗教的な回心と類似しているかもしれない。

生命圏平等主義という原則

さて、準備作業はこのあたりで切りあげ、ディープ・エコロジーの具体的な主張を見ることにしよう。ディープ・エコロジーは、どんなエコロジーを提唱するのだろうか。

ディープ・エコロジーについて、何よりもまず理解すべきは「生命圏平等主義」と呼ばれる原則である。この原則は基本的な考えなので、少し長くなるが引用しておこう。

野外調査にたずさわるエコロジーの研究者は、生命存在のあり方や形態に対し、深い敬意、あるいは崇敬の念ともいえるものを持つようになる。研究者たちは、内側からの理解、すなわち他の人々なら仲間としての人間やその他ごく一部の生物に対してしか持たないような理解を、それ以外の生きものに対しても持つようになる。エコロジーの野外研究者にとり、生き栄えるという等しく与えられた権利は、その存在に疑いの余地のないことが直観的に理解される価値原理なのである。この権利を人間にかぎると人間中心主義に陥ることになり、人間みずからの生の質にも望ましくない影響を及ぼす。なぜなら人間の生の質は、他の生きものと親しくつきあうことから得る深い歓びや満足にも依っているからである。われわれの存在が他の生命に依存していることを無視したり、他の生命とのあいだに主従関係を打ち立てようとするなら、われわれを自分たち自身から疎外することになってしまう。（『ディープ・エコロジー』）

ここでネスが要求している「人間中心主義」からの脱却は、きわめて徹底したものだ。例えば、「人間中心主義」をラディカルに批判する議論として、ピーター・シンガー（Peter Singer, 1946 - ）などの「動物解放論」がある。その提唱者たちは、生活において菜食主義を選択することが多い。しかし、ネスによると、こうした議論は「生命圏平等主義」とは言えない。動物解放論者は、動物と植物を区別（差別）するだけでなく、動物のなかにも区別（差別）を持ち込むからだ。

生命圏から生態圏へ

もちろん、ディープ・エコロジーといえども、生きていくために他の生物を食用とすることは否定しない。しかし、原則として動物も植物もすべて平等だと考えるのが、ディープ・エコロジーの特徴である。しかも、ネスはこの平等主義をさらに進めて、「河川（流域）・景観・文化・生態系・「生きている地球」のごとく生物学者が無生物に分類するもの」さえ含めようとしている。

そのため、ネスはしばしば、「生命（バイオ）圏」を拡張して「生態（エコ）圏」と表現する。ディープ・エコロジーにとって、人間を取り巻く環境の全体が、人間と同じ価値を持ち、等しく尊重されねばならないのである。

3　ディープ・エコロジーと近代自然科学

原子論と全体論の対立

ディープ・エコロジーは「生態圏」の平等主義を提唱しているが、この立場はどうして可能なのだろうか。例えば、一人の人間と道に落ちている石ころが平等だというのは、詩的な表現としては理解できるが、一歩踏み込んで考えるとよく分からない。ディープ・エコロジーは、「生態圏」のメンバーについて、どんな見方をしているのだろうか。

この問題を考えるために、二つの議論に注目してみよう。一つは「原子論的見方」と「全体論的見方」の対立であり、もう一つは「自己実現論」と呼ばれる思想だ。この二つは、ディープ・エコロジー以前にもたびたび登場してきた議論だが、ネスは独自の仕方で捉え直し、ディープ・エコロジー特有の理論へ形作ったのである。

まず前者について、ネスは「原子論」と「全体論」の対立を、次のように表現している。

「ディープ・エコロジーは」「環境における人間」というイメージをしりぞけ、「関係的で全体的な場」というイメージを支持する。生命圏は本質的な固有の関係が網状に絡まり広がったもので、個々の生命はその関係の網の結び目にあたるというイメージである。（『ディープ・エコロジーとは何か』）

この定式は、あまり分かりやすくないが、基本的な対立は明らかだろう。例えば、AとBを考えてみると、それぞれ個々の独立自存的なものではなく、両者の関係がそれらの在り方を規定する。「その関係がなければ、AとBは違ったものになるのである」。生命圏や生態圏は、網の目状に絡まり広がって、メンバーたちは複雑な相関関係を形成している。こうした「全体的な場」において、それぞれのメンバーを理解しなくてはならない、というわけである。

自己実現とは何か

しかし、このように「生命圏」を全体論的に見るだけでは、必ずしも平等主義は出てこない。生命圏の全体的なシステムを認めたうえで、「人間」の優位を強調することも可能だからである。そこで、平等主義を主張するために、重要な役割を演じるのが「自己実現論」である。しかし、「自己実現」とはどんなことだろうか。

ここで「自己実現」と呼ばれているのは、簡単に言えば、「自己と他者の同一化（同一視）」のことである。「他者のうちに自己を見る」という考えは、ギリシア以来、「愛」の基本的な意味となってきた。ネスは、この「他者」を具体的な人間だけでなく、すべての生命、さらには万物にまで広げたわけである。

いま、傷ついたこの地球に暮らすすべての生命と分かち合いを行うべきときが来ている。それは、個々の生きもの、動植物の集団、生態系、そして古くからのすばらしいわたしたちの星ガイア（地球）との同一化を深めることで、実現する。（『ディープ・エコロジー』）

こうして、ディープ・エコロジーは、生態圏のメンバーを相互関係において全体論的に見るだけでなく、すべてのものを自己自身と一体化したものと見なすことになる。自己実現の観点からすれば、万物は自己にほかならないのだから、生態圏の平等主義が主張できるだろう。

近代自然科学との対比

このよう見ると、ディープ・エコロジーがなぜ「近代自然科学の否定」と呼ばれるのか、理解できるだろう。そこで最後に、ディープ・エコロジーを近代自然科学との対比において捉え直すことにしたい。

まず、近代自然科学は、「事実と規範の峻別」を前提し、事実の研究において道徳や宗教を排除する。ところが、ディープ・エコロジーは、この前提そのものを疑問視し、宗教や道徳をエコロジーのなかに積極的に取り入れるのだ。ディープ・エコロジーが「ディープ」であるのは、近代自然科学の否定だからである。

次に、近代自然科学は、自然現象を個々の構成要素に分解し、そのうえで各要素間の関係を数量的に説明しようとする。ところが、ディープ・エコロジーは、独立に自存する要素は認めず、むしろ生命圏の相互関連性を重視する。原子論的見方と全体論的見方の対立は、まさに近代自然科学とディープ・エコロジーの対立なのだ。

さらに、人間による「自然支配」という点でも、ディープ・エコロジーは近代自然科学と鋭く対立する。「私は、自然を支配と征服の対象と感じたことはありません。それはわたしたちと共存するものなのです」。ネスが「生命圏平等主義」を唱えるとき、自然を技術的に利用するという近代科学の考えは、きっぱりと拒否されている。

こうした近代科学の自然支配に対して、ディープ・エコロジーは「自己との同一化」を提唱している。したがって、ネスの次の言葉は、「近代自然科学の否定」として読まなくてはならない。

幼児期には、世界は主体・客体・媒体に三分化していない。わたしたちがここに新たにつくり出そうとしているのは、ある意味で基本的なこの原初的な一元的存在である。もう一度幼児に戻ることによってではなく、わたしたちのエコロジカルな自己をよりよく理解することによって、これを実現しようとしているのである。(『ディープ・エコロジー』)

〔参考文献〕

尾崎和彦『ディープ・エコロジーの原郷』(東海大学出版会、二〇〇六年)
小原秀雄監修『環境思想の系譜3』(東海大学出版会、一九九五年)
F・カプラほか、靍田栄作編訳『ディープ・エコロジー考——持続可能な未来に向けて』(佼成出版社、一九九五年)
A・ドレングソン／井上有一共編、井上有一監訳『ディープ・エコロジー——生き方から考える環境の思想』(昭和堂、二〇〇一年)
A・ネス、斎藤直輔・開龍美訳『ディープ・エコロジーとは何か——エコロジー・共同体・ライフスタイル』(文化書房博文社、一九九七年)

第3章　ディープ・エコロジーの問題点

1　悪いのは「人間（Man）」か

アルネ・ネスによって提唱された「ディープ・エコロジー」は、八〇年代になると、アメリカで大きな影響力を持つようになった。そのころ、アメリカでは環境保護運動が活発化するとともに、「環境倫理学」が学問として展開されていた。この流れのなかで、ディープ・エコロジーは一般的にも浸透したのである。しかし、ディープ・エコロジーの広がりは、かえってその問題点を鮮明にしたのではないだろうか。この章では、ディープ・エコロジーの問題点を明らかにして、近代自然科学批判の意味を考え直すことにしよう。

インチキ・エコロジスト

まず、ディープ・エコロジーの「人間中心主義批判」から始めよう。この考えは、通俗的に理解されるとき、「環境破壊の原因は人間だ！」という形でしばしば誤解（？）される。しかも、「悪いのは人間」だから、「環境のためには、たくさんの人間が死ぬ方がよい！」と主張されることさえある。例えば、マレイ・ブクチン（Murray Bookchin, 1921 - 2006）は、次のような自称「エコロジスト」との会話を紹介している。

ブクチン：「君は現在のエコロジー的危機の原因が何だと思っているんだね？」
エコロジスト：「人間だよ！　人間たちがエコロジー的危機に責任があるんだ！……あらゆる人間さ！　彼らが地球上で増えすぎているし、彼らが地球を汚染しているし、彼らが資源を貪っているし、彼らが貪欲なんだ。」（『エコロジーと社会』）

こうした「自称「エコロジスト」」の考え方から、いったいどんな主張が提案されるのだろうか。ディープ・エコロジーを受容している過激な環境保護団体「アース・ファースト（地球を第一に）！」は、次のような主張を述べたことがあった。

この惑星上に多様性をもったエコシステムが存続できるという望みが本当にあるとすれば、それは唯一人間の数が大幅に減少する場合である、ということを私は自明な公理であると考える。……もしエイズの流行がないならば、ラディカルな環境主義者はエイズを発明しなければならないだろう。（『ラディカル・エコロジー』）

この主張は、さすがに後になって取り下げられたが、「アース・ファースト！」だけでなく、ディープ・エコロジーにとっても、単純な誤解とは言えないだろう。こうした「エコロジスト」たちの言動と、「ディープ・エコロジー」の人間中心主義批判は、どこが違うのか――この点がハッキリしないのである。

悪いのは「男（Man）」か

ディープ・エコロジーの「人間中心主義批判」については、フェミニズムの側からも問題点が指摘されている。というのは、ディープ・エコロジーが「人間による自然支配」を語るとき、「人間（Man）」という言葉は両義的だからである。

ディープ・エコロジー運動は属名としての「ヒトMan（人間）」を使うことで、批判を加えることなく両性間の違いを前提としているが、この違いの重要性は見落とされている。……人間と自然の関係を示す「主人－奴隷」の役割は、男性と女性の関係の中で繰り返されている。この支配し利用するという同じ衝動の両面に男性が気づかないかぎり、自己矛盾のない生物学的平等主義が達成されることはない。（『環境思想の系譜3』）

このフェミニズムの主張からすれば、「人間による自然支配」という表現は「男による自然支配」の意味であって、女性もまた自然の一員として抑圧されてきたのだ。この区別をあいまいにして、Manを抽象的に「人間」と等置することは許せないのである。ディープ・エコロジーは「生命圏平等主義」を提唱するが、「人間」と「男」の区別を明確化しない限り、ディープな水準に達しない。「悪い」のは「人間」ではなく、「男」なのだ。

社会派エコロジーからの批判

こうしたエコ・フェミニズムを唱えるかどうかは別にして、ディープ・エコロジーの「人間」が、社会性を欠いた考えであることは明らかだろう。社会派エコロジーの主導者マレイ・ブクチンは、ディープ・エコロジー的思考を次のように批判している。

もっと深刻なのは、それがエコロジー的な危機の社会的な原因から注意をそらせることに奉仕しているということである。もし生物種としての人間が環境の破綻の原因なら、そうした破綻は社会の破綻の結果ではなくなってしまう。……［この考えでは］「人類」という神話的なものがつくり出される。このようなやり方では、エコロジー的な諸問題の社会的根源は抜け目なく曖昧化されてしまう。（『エコロジーと社会』）

ディープ・エコロジーは「人間による自然支配」を批判する。しかし、それが可能なのは「人間による人間支配」が成立しているからだ。「人間」は社会的な相互関係を取り結んでいるから、この社会性を抜きに「人間」を捉えることはできない。ところが、ディープ・エコロジーは人間の社会性を軽視して、生物種としての「人間（ヒト）」に焦点を合わせたのである。では、こうしたディープ・エコロジーの性格は、いったいどんな発想から生まれたのだろうか。

2　歴史のネジを逆に回す

疎外論の発想

注目しておきたいのは、ネスが「生命圏平等主義」を打ち出すとき、疎外論を語っていたことである（本書二三頁）。例えば、「われわれの存在が他の生命との間に主従関係を打ち立てようとするなら、われわれを自分自身から疎外することになってしまう」と述べられている。ここで、「疎外」という言葉が使われているのは、決して偶然ではない。というのも、ディープ・エコロジーの発想が、疎外論を下敷きにしているからだ。しかし、疎外論をどう理解したらいいのだろうか。

疎外論を考えるとき基本的なポイントは、三段階の展開を想定することだ。つまり、「疎外されない原初的状態」－「疎外された分裂状態」－「疎外から回復した状態」という三段階である。ディープ・エコロジーに即して言えば、「人間と自然の原初的な一体性」－「人間と自然とが対立した分裂」－「人間と自然の再建された一体性」と表現できるだろう。現在は、人間と自然が対立した状態であり、ディープ・エコロジーはこの対立を廃棄して、両者の一体性を再建しようとする。

こうした三段階の展開を、「近代（モダン）」の視点から捉えてみよう。おそらく、「近代」が「人間と自然とが対立した分裂」に相当するのは、異論のないところだろう。とすれば、歴史的な三段階として次のような展開を考えることができる。——「近代以前（プレ・モダン）」には、人間と自然は原初的な一体性を持っていた。しかし、「近代（モダン）」になると、人間は自然を支配するようになり、科学技術によって自然を道具として利用する。だが、こうした人間と自然との対立は、いまや廃棄しなくてはならない。「近代以後（ポスト・モダン）」の課題として、人間と自然の失われた一体性を取り戻さなくてはならない。

このように考えると、ビル・デヴァルとジョージ・セッションズ（George Sessions, 1938-）がディープ・エコロジーを「ポスト・モダンの哲学」と呼んだ理由も、分かるような気がする。

神秘的なロマン主義

人間と自然の失われた一体性を取り戻す――この言葉は、「地球にやさしい」と同じように、心にひびく美しい表現かもしれない。だが、現在の環境問題を考えるとき、はたして適切な言葉と言えるだろうか。そもそも、疎外論的発想は、有効な論理を提供するのだろうか。

疎外論をとる場合、陥りやすい危険性は歴史のネジを逆に回し、未来ではなく過去へと回帰することだ。ディープ・エコロジーが「人間と自然の一体性を再建する」と考えるとき、実際には過去の「原初的な一体性」へ舞い戻るにすぎないのである。その点では、ディープ・エコロジーはアンチ・モダンではあっても、ポスト・モダンとは言えない。むしろ、近代的な科学文明を否定して、自然との直接的な一体性へ向かうかぎり、プレ・モダンと呼ぶべきだろう。

ところが、「人間と自然の原初的一体性」に関しても、疑念が残ってしまう。こうした状態は、実際に存在したことがあるのだろうか。「プレモダン」といっても、漠然としていてハッキリしないだろう。アドルノ（Theodor Wiesengrund Adorno, 1903 - 1969）とホルクハイマー（Max Horkheimer, 1895 - 1973）の『啓蒙の弁証法』を持ち出さなくても、ある意味で、人間の自然支配が文明化とともに始まったことは、周知のことである。人間が知力を使って自然と関わるかぎり、自然支配の欲望は不可避だと言ってよい。

とすれば、人間の歴史をどこまで遡ってみても、「人間と自然との原初的一体性」には達しない。実を言えば、「原初的一体性」とは、後になって理想化（捏造）された状態にほかならないのである。ディープ・エコロジーは自分たちの神秘的でロマンティックな憧れ（「自然との一体化」）を、あたかも原初的状態であるかのように空想したわけである。

カネもちの道楽

こうしたディープ・エコロジーの在り方を考えると、カネもちの道楽のように見えないだろうか。都会で裕福に暮らしている人びとが、長い休暇を取って、自然に囲まれた別荘暮らしを満喫する――こんなイメージが頭に浮かんでくる。例えば、ネスは次のように語っている。

自分で井戸から運んだ水や自分で集めた木々と共に、田舎にある自分のコテージにいる時には、どんな金持ちよりも豊かだと感じます。ヘリコプターに乗って山頂に行ったとします。景色や絵はがきのように見え、頂上にレストランがあれば、食べ物がちゃんとできていないと不満を言うかもしれません。でも、もし苦労してふもとから登ったならば、深い満足感を味わって、スキーのワックスと砂が混ざったサンドイッチでさえ、すばらしく美味しいと思うはずです。(『環境思想の系譜3』)

しかし、「頂上のレストラン」と「砂混じりのサンドイッチ」を対比するのは、裕福な一部の人々にしか意味をなさない。いつもレストランで美味しいものを食べている人には、「砂混じりのサンドイッチ」もたまには美味しく感じられるだろう。それは、都会暮らしの人が田舎生活に憧れるようなものだ。ディープ・エコロジーが裕福な国アメリカで流行した理由もこの点にある。だが、自分のコテージを持たず、土ぼこりのする道路脇で「砂混じりのサンドイッチ」を毎日食べる人には、美味しく感じられるのだろうか。

3　ディープ・エコロジーは有効か

隠された前提

ここで、ディープ・エコロジーを現実的な有効性という観点から見直してみよう。厳格に考えたとき、ディープ・エコロジーの「生命圏平等主義」が現実的には不可能であることは明らかだろう。というのも、その立場をマジに受けとれば、肉食を否定するだけでなく、菜食主義者であることも不可能となるからだ。ネスはこの点を自覚していて、「生命圏平等主義」は原則としてであって、実際には「いくらかの殺害・搾取・抑圧を必要とする」と語っている。しかし、この言明が、ディープ・エコロジーの考えとどう調和するのか、ほとんど説明されていない。

しかし、いま問題にしたいのはそのような原則ではなく、ディープ・エコロジーの隠された前提である。ディープ・エコロジーが「人間と自然の一体化」を提唱するとき、どんな世界を想定しているかである。ネスは、あるインタビューで次のように語っている。

> ディープ・エコロジーには、人口を安定させるばかりではなく、革命や独裁を必要としない人道的手段により、人口を持続可能な最低限度にまで減少させるという目標があります。百年前にあった文化の多様性を有するには、せいぜい一〇億ぐらいの人口がいいでしょう。様々な動物種の保存が必要なように、様々な人間文化の保存も必要です。（『環境思想の系譜3』）

十億程度の人口といえば、十九世紀の世界である。ところが現在、人口はすでに六十億を超えている。「革命や独裁」を使わないで、そうした世界にどうやって行き着くのだろうか。いったいどのような人びとを、間引いていけばよいのだろうか。これについて、ディープ・エコロジーは何も答えてくれない。

消費主義の批判

ディープ・エコロジーのもう一つの前提として「消費主義批判」がある。ネスは、現代社会で進行中の「消費主義」を次のように批判している。

> 経済生活においては活用できる大量の精神的エネルギーが、いわゆるニーズをつくり出し、新たな顧客を物質的消費の増大へとそそのかすために使われている。……物質的豊かさの破滅的なまでの増加によって、世界のごく一部の短期的幸福しか保証しないような体制に、私たちは複雑に

絡みとられている。(『ディープ・エコロジーとは何か』)

こうした消費主義に対抗するのが、「人間と自然との一体性」(自然主義)である。しかし、この発想はきわめて素朴であり、一歩まちがえば「田舎での自給自足的な生活」のように見える。しかし、「消費主義」の代替案として素朴な「自然主義」を持ち出しても、現実的には有効な手段とはならない。「消費主義」は現代社会の社会構造に深く絡まっているので、「自然主義」を対置した程度では何も変化しないからだ。ディープ・エコロジーが「消費主義」を変えようと思うならば、「自然主義」ではなく、むしろ社会改革のプランを明確にしなければならない。

宗教よりも現実的な対策を

しかしながら、ディープ・エコロジーは社会変革よりも、スピリチュアルな内面の改心を求めてしまうのである。ここに、ディープ・エコロジーの三番目の前提がひそんでいる。実際、ディープ・エコロジーがアメリカで一般的に広まりはじめたころ、当時流行していたニュー・エイジ思想や禅仏教、道教思想などと合流するような形で浸透した。ディープ・エコロジーは「宇宙との深いつながりをスピリチュアルに実現する」と理解されたのだ。

こうして、ディープ・エコロジーは環境問題を現実に解決する理論というよりも、一種の宗教のようなものとなった。しかし、どんなに「深いつながり」を実感したところで、環境問題はほとんど解決しないだろう。環境問題を解決するには、むしろ近代の科学技術を使うことが不可欠である。ネスはあっさりと否定してしまったが、現実的に有効な環境対策をとるためには、「シャロー・エコロジー」を積み重ねていくことが必要ではないだろうか。

〔参考文献〕

小原秀雄監修『環境思想の系譜2』（東海大学出版会、一九九五年）

J・シードほか、星川淳一監訳『地球の声を聴く』（ほんの木、一九九三年）

J・パスモア、間瀬啓允訳『自然に対する人間の責任』〈岩波現代選書〉（岩波書店、一九九八年）

M・ブクチン、藤堂・戸田・萩原訳『エコロジーと社会』（白水社、一九九六年）

C・マーチャント、川本・須藤・水谷訳『ラディカル・エコロジー――住みよい世界を求めて』（産業図書、一九九四年）

第Ⅱ部

近代の自然観

第4章　アメリカ文学に表われた環境思想の系譜

1　文学の使命

文明の基本的姿勢は人間中心主義と呼ばれるもので、世界（自然）はすべて人間のために存在し、資源として自由に使えるという考え方である。例えば紀元前五世紀ギリシャの哲学者プロタゴラスの言葉――「人間は万物の尺度である」、あるいは『聖書』創世記の一節――「産めよ、殖えよ、地に満ちよ。地を支配せよ。そして海の魚、空の鳥、地を這う全ての生きものを従わせよ」に典型的に見られる。環境破壊の原点に、ギリシャ・ローマの自然観やユダヤ・キリスト教の自然観があることはよく知られている。さらに十六世紀の科学革命、十八世紀の産業革命が拍車をかけ、人間による自然の支配は強められてきた。文明の根底にはある意味で傲慢、尊大、不遜と思われる人間優越思想が確固として存在していた。

このような人間中心主義に反旗を翻したのが、十八世紀半ばヨーロッパに起こったロマン主義運動である。ロマン主義とは、従来の伝統的・古典主義的な思想を脱し、個人の自由と信念を謳歌する精神運動である。その自己（自我）を高らかに歌い上げる個人がひとたび自然に目を向けると、自然は単なる物、人間生活に役立つ資源から神々しい存在へと変化する。十九世紀前半から半ばにかけてアメリカで隆盛をきわめた超越主義（transcendentalism 超絶主義、超越論とも訳される）は、このロマン主義の流れをくみ、新しいアメリカを歌う新しい文学（アメリカ・ルネッサンスの文学）を誕生させる契機となった。

2　エマソンと超越主義運動

十九世紀のアメリカ

植民地建設から二世紀が経過した十九世紀になると、アメリカにはまったく相反する時代精神が形成されつつあった。一つは、産業革命に代表される産業主義。もう一つは、個人の自由と信念の謳歌をスローガンとする超越主義である。産業主義はマニフェスト・デスティニー（明白な天命）と呼ばれる領土拡大政策と呼応して、圧倒的な強さで時代精神を導き、アメリカは大国への道を突き進むことになった。その過程を現代の環境の視点から検証してみると、例えば西漸運動と呼ばれている西部開拓の過程は近視眼的で問題の多い行動だったことが分かる。

たしかにターナー（Frederick Jackson Turner, 1861 - 1932）が「アメリカ史におけるフロンティアの意義」（一八九三年）のなかで述べているように、西部開拓が民主主義的で個人主義的なアメリカ人の国民性形成に寄与したのも事実であるが、一方でそれは倫理観の欠如した無責任きわまりない自然破壊の過程であったとも言えるのである。

新しい時代の新しい思想

一八二〇年代になってアメリカはロマンティシズムの影響を受け始め、新しい時代の幕開けを迎えた。その際、豊かな人間性の回復を目指す超越主義運動が創造的な芸術作品を次から次へと生み出してゆく原動力となった。影響を受けたのは若者たちで、身の回りに新しいアメリカが形成されてゆくのを敏感に感じ取った。新しい思想で運動を引っ張っていたのは、十九世紀を代表する哲学者エマソン（Ralph Waldo Emerson, 1803 - 1882）である。

超越主義という名称、およびその思想の多くはカントの哲学に由来する。悟性による認識の限界を超越して、想像力と直観により万物の根源に参入するという思想であり、イギリスのコウルリッジ（Samuel Taylor Coleridge, 1772 - 1834）やカーライル（Thomas Carlyle, 1795 - 1881）、ドイツのヘーゲル（Georg Wilhelm Friedrich Hegel, 1770 - 1831）、シェリング（Friedrich Wilhelm Joseph von Schelling, 1775 - 1854）、フィヒテ（Johann Gottlieb Fichte, 1762 - 1814）、ゲーテ（Johann Wolfgang von Goethe, 1749 - 1832）など、さらにはプラトン（Platōn, 428/427b.c. - 348/347b.c.）、パスカル（Blaise Pascal, 1623 - 1662）、スウェーデンボルグ（Emanuel Swedenborg, 1688 - 1772）など実にさまざまな影響を受けている。エマソンなどは、東洋の神秘主義にも関心を示すなど、超越主義が明確な体系を持つ哲学と定義するのは難しい。しかしながら基本的にはロマン主義の精神を色濃く反映した運動である。超越主義運動は、エマソンの『自然』（一八三六年）を生み、一八四〇年には機関誌『ダイアル』の発刊、翌四一年には理想共同体ブルックファームの開設へとエネルギーを発散させ、ソロー（Henry David Thoreau, 1817 - 1862）が『森の生活』（一八五四年）を出版した一八五〇年代半ばにピークを迎え、南北戦争直前まで続いた。

エマソンの自然観

超越主義運動のバイブルとされる『自然』の冒頭は、若者たちに新しい生き方をするようにと促す内容となっている。

われわれの時代はふり返ってばかりいる。たとえば父祖の墓を建てる。あるいは伝記や歴史や批評を書く。われわれに先だつすべての世代は面と向かって神と自然を直視したが、われわれは彼らの目をとおしてだ。われわれだとて宇宙に対して独自な関係を結んでもいいのではないか……新しい土地があり、新しい人間があり、新しい思想がある。われわれ自身の仕事と法則と礼拝を

要求しようではないか。（エマソン、酒本雅之訳『エマソン論文集』（上）岩波文庫、一九七二年、三七頁）

新しい自己定義の際に問題となるのは、自己がどのような環境の下でどのようにすれば最高の状態に達せられるかである。エマソンは自然に目を向けることを薦める。かれによれば、自然には実益、美、言語、訓育といった効用があるが、最大の効用は人間精神を高めてくれることであると語る。

エマソンは自然の一例として「森」を取り上げる。森は「神の植林場……ある種の神々しい儀礼が支配する」場所である。「森のなかで、われわれは理性と信仰をとりもどす。そこにいれば……いっさいの卑しい自己執着は消えうせる。わたしは一個の透明な眼球になる。いまやわたしは無、わたしはいっさいが見え、「普遍者」の流れがわたしの全身をめぐり、わたしは完全に神の一部」となる。このように自然を通して人間精神と神の世界が一体になる境地こそ、超越主義者たちが最も望んでいた心境であったに違いない。ソローがエマソンの『自然』を座右の書としたのもうなずけるし、ソロー自身が「森」に入って実践した「森の生活」は、自己を無限に高めることにより神の世界に近づくというきわめて超越主義的な生活にほかならなかった。

エマソンの評価

多くの超越主義者にとっての関心事は、どちらかと言えば自然よりも美や真理にあり、神と自己との問題が優先されて自然は二次的な存在であった。したがってエマソンが自然に高い評価を置いたことは、後のアメリカ文学のみならずアメリカの精神文化に大きな影響を与えることになった。しかしながら現代の視点、特にネイチャーライティングと呼ばれる人間と自然をめぐる文学ジャンルの視点からエマソンを評価すると、かれの果たした役割とともに限界も見えてくる。

自然に対するエマソンの姿勢は、ベーコン＝デカルト的視点で形成された人間中心主義的、男性中心主義的なものという手厳しい意見がある。この主張の根拠とされるのが『自然』の最後で言及された「自然を支配する人間王国」という表現である。人間精神と自然との対応関係（コレスポンデンス）を重視するあまり、人間精神の優位が強調されすぎたことが、エマソンの意識下で「人間王国」という表現になってしまったのである。

しかしながらエマソンの限界を理解しつつも、かれが人間精神と自然との関係について真剣に思索をめぐらしたという事実は否定できるものではない。アメリカの知的独立宣言と言われる「アメリカの学者」のなかで、「『汝自身を知れ』という古代の教えと、『自然を研究せよ』という近代の哲学とは、最後にはひとつの金言となってしまう」と語るエマソンは、自然の精神的意義を広めた点で評価できるし、何よりも人間性完成を目指すかれの超越論思想は、現代の環境の視点からも見直されている。なぜなら環境破壊は環境に対する倫理観の欠如が最大の要因であるからである。

3　新しい文学の誕生

ネイチャーライティングの発展

ネイチャーライティングというのは、自然史（natural history）に見られる客観的・科学的な事実に哲学的・詩的な思索を織り交ぜた人間と自然をめぐる新しい自然文学と定義され、人間と自然・環境をめぐる言説は広義に環境文学と呼ばれている。このジャンルの起源は、イギリスでは『セルボーンの博物誌』（一七八九年）の著者G・ホワイト（Gilbert White, 1720 - 1793）、アメリカにおいては『森の生活』の著者ソローがその創始者とされている。アメリカではソローの緑の思想（自然保護や環境倫理などの環境思想の総称）の伝統をミューア、レオポルド、カーソンが受け継ぎ、時代に先行する環境意識を築き上げてきた歴史を見ることができる。

ソローは『市民の反抗』や『森の生活』などの著作で日本でもよく知られた作家で、人間中心主義に取って代わる生命中心主義（biocentrism）を表明している。例えばかれは自然を資源以上のものと見なし、対等のパートナーとさえ考えている。魚や動物を自分の友人、あるいは同胞とすら呼んだりする。ソローの持つこのような共同体意識について、R・F・ナッシュ（Roderick Frazier Nash, 1939 - ）は「ソローは環境倫理という言葉は使用しなかったけれども、この環境倫理という用語はソローのいうところの拡大化された共同体意識から出てきたものである」（ナッシュ、松野弘訳『自然の権利――環境倫理の文明史』筑摩書房、一九九九年、一一二頁）と述べ、環境倫理の分野におけるソローの先駆性を紹介している。

ソローの死後、アメリカの自然はさらに略奪され続けていた。西に向かう当時のフロンティア開拓者にとって自然はかれらの敵、征服し、支配すべき対象であり続けたのであった。開拓者は無尽蔵の自然神話にとりつかれ、完膚なきまでに自然を開拓し続け、気がついてみると、かつての原生自然は身の周りからは消え去り、ついに一八九〇年にフロンティアの終焉が告げられた。この宣言はある意味で新しい時代の前触れでもある。なぜならこの時期残されたわずかな手つかずの自然を保護しようと立ち上がった人物がいたからだ。この人物こそ自然保護団体シエラ・クラブの創設者であり、国立公園の父と称されるミューア（John Muir, 1838 - 1914）である。

彼は著書『一〇〇〇マイルウォーク　緑へ』のなかで、人間中心主義思想を批判し、動物の権利を認めようとする姿勢をとる――「この世界は人間のために特別につくられたと言われています。こういった一つの仮説さえも、すべての事実によって裏付けられたものではなかったのです。……人間は偉大な創造物のなかのささやかな存在にすぎないのに、なぜそれ以上の価値を自分自身におくのだろうか」。「我々人間はなんと利己的で自惚れの強い、思いやりのない生き物なのだろう。人間以外の生き物の権利に対してなんと盲目的なのだろうか」。これらの発言のなかには、人間中心主義的思想に取って代わる新しい思想――生命中心主義思想――が見られる。

二十世紀の環境思想

生命中心主義思想を基にして現在の環境倫理を築き、環境倫理学の父と呼ばれているのがレオポルド（Aldo Leopold, 1887 - 1948）である。かれはアメリカの環境保護運動の聖書と称される『野生のうたが聞こえる』（一九四九年）のなかで「土地倫理」を主張し、われわれ一人一人が自然に対して責任と倫理をもって行動すべきであると語る。「土地は、人間が所有する商品とみなされているため、とかく身勝手に扱われている。人間が土地を、自らも所属する共同体（community）とみなすようになれば、もっと愛情と尊敬をこめた扱いをするようになるだろう」と語るとき、ここで述べられた「共同体」という概念は、人間だけがこの地球の住人ではなく、地球全体の構成員の一員にすぎないことを教えているのである。さらに、土地利用を考える際に「経済的に好都合かどうかという観点ばかりから見ず、倫理的、美的観点から見ても妥当かどうかを調べてみることだ」と語り、生命中心主義的自然観を表明している。

ソローに始まった新しい自然観が一世紀をかけてやっと成熟したが、ソローもミューアもレオポルドも二十世紀前半においては一般の人びとにはほとんど理解されることはなかった。エコロジーという概念も一般の庶民には届いていなかった。結局のところ、環境が身近な問題となったのはある程度の環境破壊が進んだ二十世紀半ばのことである。このようななか、アメリカに脈々と流れる豊かな緑の伝統がカーソンを育み、彼女を環境の時代の檜舞台に登場させることになったのである。

カーソンは『沈黙の春』（一九六二年）を出版し、殺虫剤や農薬による環境汚染を警告し、世界の歴史の流れを変えた意義は大きい。しかしこの作品を単なるルポルタージュ以上にしているのは、人間中心主義文明に対するカーソンの鋭い倫理的批判である。「私たちの住んでいる地球は自分たち人間だけのものではない」、「高きに心を向けることなく自己満足におちいり、巨大な自然の力にへりくだることなく、ただ自然をもてあそんでいる。自然の征服――これは、人間が得意になって考え出した勝手な文句にすぎない。……自然は人間の生活に役立つために存在する、などと思い上がっているのだ」。カーソンは『沈黙の春』を書き上げた二年後に亡くなったが、「環境と新しい倫理との関係を促進させるために命の限り、最後のエネルギーを使い果たした倫理的な先駆者であった」（『自然の権利』二〇八頁）。われわれはカーソンの教えに学ぶことなく、環境悪化の道を選択してきた。人類はもはや取り返しのつかない時代へと突入したのであろうか。われわれにできることは、先人の築いてきた緑の伝統にふれ、そこから二十一世紀に生きる啓示を学びとることである。

〔参考文献〕

S・T・ウィッチャー、高梨良夫訳『エマソンの精神遍歴』（南雲堂、二〇〇一年）
R・W・エマソン、酒本雅之訳『エマソン論文集』（上・下）〈岩波文庫〉（岩波書店、一九七二年）
R・カーソン、青樹簗一訳『沈黙の春』〈新潮文庫〉（新潮社、一九七四年）
上岡克己・上遠恵子・原強編著『レイチェル・カーソン』（ミネルヴァ書房、二〇〇七年）
斎藤光『超越主義』（研究社、一九七五年）

P・シャベコフ、さいとうけいじ・しみずめぐみ訳『環境主義』（どうぶつ社、一九九八年）
文学・環境学会編『たのしく読めるネイチャーライティング』（ミネルヴァ書房、二〇〇〇年）
J・ミューア、熊谷鉱司訳『一〇〇〇マイルウォーク　緑へ』（立風書房、一九九四年）
横沢四郎ほか編『概説アメリカ文学史』（金星堂、一九八一年）
A・レオポルド、新島義昭訳『野生のうたが聞こえる』〈講談社学術文庫〉（講談社、一九九七年）

第5章　ヘンリー・ソローの自然観

1　ソローの自然観

ソローはインド独立運動のガンジー、アメリカ公民権運動のキング牧師らに感銘を与え、世界を変えた本、『市民の反抗』（一八四九年）の著者としてよく知られているが、一方で『森の生活』を著して人間と自然に関する思索を深化させ、ネイチャーライティングの創始者として、また自然保護運動の理論的先駆者として、現代の人間中心主義文化を問い直すうえで最も注目されている作家の一人である。

ソローの自然観を大別すればエマソン流の超越主義的な自然観と、かれ自身の緻密な自然観察によって体得したエコロジカルな自然観に分けられる。かれの自然観の特徴は、これら二つの自然観を融合して現代で「環境思想」と呼ばれている思想を表明していることである。かれが超越論思想とエコロジー思想の両方、つまり「詩と科学」、環境倫理思想と科学的思想を兼ね備えていたことが重要なのである。というのも現代の人間と自然・環境をめぐる諸問題に対応する際に、ソローの緑の思想は現代の環境に対する意識構築のうえで大きな役割を果たすことになるからである。本章ではかれの超越主義的自然観が表明されている代表作『ウォールデン――森の生活』（一八五四年、以下『森の生活』とする）と、晩年の小品ながら先駆的な環境思想が表明されている「ハックルベリー」（一九七〇年）を取り上げて、ソローの自然観の変遷を考察する。

『森の生活』における人間と自然の関係

一八四五年七月四日、ソローは誰に祝福されるわけでもなく一人で森のなかへと入って行った。この無名の男の行為が、その後の人類の生き方を変えたと言っても過言ではない。かれは自宅近くの森のなか、ウォールデン湖と呼ばれる湖畔に小屋を建て、二年余の「簡素な生活・高き想い」の生活を実践した。その体験を基に書かれたのが『森の生活』である。この書はエマソンの『自然』と同じく、人びとの関心を自然に向けたばかりか、シンプルライフやスローライフ、人間と自然との調和のとれた関係を描き、後の生命中心主義の思想を鮮明にしている。

『森の生活』にはおびただしい自然観察、「野生」や「牧歌」への言及など環境的要素も見出せるが、

『森の生活』の主眼は、文明の進歩によって物に囚われ始め、「静かなる絶望の生活」を余儀なくさせられている人びとに、自然の精神的意義を訴え、よりよい生き方を追求するようにと覚醒させることにあった。このようなソローの意図は明らかに超越主義思想を反映したものであると言える。

文明と個人の生き方

地球が病んでいる。自らの生存と繁栄のみに執着してきたホモサピエンスというたった一つの種の活動が、地球を苦しめている。地球規模での環境破壊を前に、文明は一つの曲がり角に来ているように思われる。従来、文明の進歩とは善であり、人類の幸福につながるという大前提があった。しかし現状を見る限りでは文明の進歩＝善＝幸福という図式は成り立たない。人類が一生懸命築き上げてきた文明は、皮肉にもわれわれの生存さえ危うくする。このように現代文明が行き詰まっているとすれば、それに代わる新しい文明観を構築する必要がある。『森の生活』は現代文明を見直す多くの示唆に富み、われわれの生き方そのものを問い直す絶好の機会を提供してくれる。

十九世紀半ば、森を切り開くことが文明化の第一歩と信じてやまなかった時代、ソローの森の生活は当時の人びとにとって時代錯誤もはなはだしく映ったに違いない。しかしかれは文明に内在する人工性や複雑性が真理から人びとの目をそらし、人間精神を歪め、人間としての威厳すら奪ってしまうのではないかと恐れたのである。ソローは文明のアンチテーゼとして自然、とりわけ「森」を取り上げる。かれは森へ行った理由を次のように格調高く語っている。

私が森へ行ったのは、思慮深く生き、人生の本質的な事実のみに直面し、人生が教えてくれるものを自分が学び取れるかどうか確かめてみたかったからであり、死ぬときになって、自分が生きてはいなかったことを発見するようなはめにおちいりたくなかったからである。人生とはいえないような人生は生きたくなかった。……私は深く生き、人生のすべての神髄を吸い出したかったのだった。（ソロー、飯田実訳『森の生活』〈岩波文庫〉岩波書店、一九九五年、一六二－一六四頁）

人間存在の画一化、生の希薄化が進行し、人間的輝きが失われるなかでこの一節ほど生の重みを教えてくれるものはない。喪失感や倦怠感、猜疑心に疲れた現代人の心を捉えてはなさない。ソローの森の生活は、自分に目覚めて自己を変えようとする人びとの象徴的モデルとなる。自然は自らの生を見つめなおす最高の場となる。

簡素な生活・高き想い

ソローの森の生活は、自給自足をもとにした晴耕雨読の生活である。何事にも拘束されることのない、いたって自由気ままな生活。畑を耕し、読書や執筆、散歩で一日は悠然と過ぎていく。ソローが『森の生活』のなかで、「単純に、単純に、単純に」と繰り返し説くシンプリシティ（簡素）の哲学は、豊かさの尺度は物の量ではないということである。ソローの実践するシンプルライフやスローライフの生き方は、現代文明の行き過ぎに対する倫理的規範となる。

『森の生活』は表面的には衣食住の日常生活（簡素な生活）と、それを実践する人の内面生活（高き想い）から成り立っている。そして自然に則り、高い思索を維持することを第一義とする。かれは自然に教えられることがたびたびあった。その一つに「神の滴」と形容されるウォールデン湖のように生きることが、自己を無限に完成させていく道であることを悟った。森の生活の座右の銘として「日々新」（『大学』）が掲げられ、さらに最終章の「むすび」では「三軍も師を奪うべし。匹夫も志を奪うべからず」（『論語』）が引用されていることからも分かるように、志を高く持つこと、すなわち高き想いを持ち、常に自分自身を高めてゆく生き方こそ『森の生活』の真髄なのである。

2　緑のソロー

エコロジーへの関心

ソローがロマン主義の影響を受けていたのは幸運なことであった。というのもロマン主義にはもともと相互依存や全体論に関心を持つエコロジカルな思想を帯びていたからである。かれ自身エコロジーという言葉は知らなかったが、その古い使い方である「自然の経済」（Economy of Nature）には精通していた。かれは部分が相互に関連して全体をつくりあげていることを日常の緻密な自然観察から学んでいたのである。

ソローがいわゆるエコロジーと呼ばれる生き物と生き物との相互関係、生き物と環境との関係に関心を示し始めたのは一八五〇年五月ごろだと推定される。一八五一年以降、かれの『日記』は膨大な自然史データの貯蔵庫となっていった。いつどこでどのような花が咲き、鳥が現われるか。かれは生地コンコードで見られるあらゆる自然現象を日記に綴っていった。この緻密な自然観察から種子の散布や森林樹の遷移というエコロジカルな洞察へとつながってゆく。ソローの関心はエマソンと同じく自然に則る個人の完成という超越主義思想にあったが、晩年の十年の関心は自然そのものの仕組み、すなわち自然という共同体への関心に変わっていった。ここに「ＩからＷＥへ」（個から共同体へ）という思想的パラダイムシフト、つまりかれの人生のなかでも最大のターニングポイントが見出せる。

環境思想の展開

ソローのエコロジーや環境に対する先駆的な発言は、かれの著作にちりばめられている。例えば、第一作『コンコード川とメリマック川の一週間』（一八四九年）のなかではダム（堰）によって遡上が妨げられた魚に同情し、「私は君たちの見方である。あのビラリカ・ダムにかなとこが役立つかもしれない」と述べ、抑圧された自然に対して暴力の容認とも解釈される発言をして、現代のラディカルな環境保護団体を鼓舞している。また『メインの森』（一八六四年）では、「英国王の権威を廃棄したアメリカ国民は自然保護区を持ってはどうだろうか。そこでは村は破壊されることなく、クマやアメリカライオンやインディアンさえも存在し、大地の表面から消え去ることのないような自然保護区をもってはどうだろうか」と述べ、国立公園創設を提唱する。さらには「自然の権利」や「ガイヤ仮説」への言及さえ見出せる。もちろんこれらの発言は断片的で、ソローが考えていたコンコードの生態系を視野に入れた「コンコードの本」は書かれることはなかったが、かれの自然や環境に対する発言をまとめた「ハックルベリー」という作品に、かれの環境意識の成熟度を見ることができる。

3　「ハックルベリー」に見られる環境思想

ソローの晩年の自然観

『森の生活』出版以降、ソローは奴隷解放の闘士ジョン・ブラウンや、たびたび訪れたコッド岬やメインの森に関するエッセイを細々と書くだけで、一冊の単行本も書き上げることはなかった。このためソローの文学的才能のピークは過ぎ、晩年は衰退していったと見なす批評家もいる。しかしながらこの時期に書かれた膨大な日記から判断するに、われわれが及びもしなかったことを考えていたのだった。晩年の十年間、かれは人間と自然・環境に関する思索を深め、時代に先んずる自然観・環境意識を構築していたと言っても過言ではない。まさにこの時期は、かれの人生のなかでも最も充実した円熟期だったのである。

生前ソローのエコロジカルな自然観が最も体系的にまとめられたのは、かれが一八六一年に発表した「森林樹の遷移」（「遷移」という言葉を使用したのはソローが最初）である。エコロジーや環境への関心の高まりから、ソロー没後百三十年以上経って『森を読む』（一九九三年）と『野生の果実』（二〇〇〇年）が出版され、エコロジストとしての評価をさらに高めるものとなった。いっぽう一九七〇年、編集刊行された自然史作品「ハックルベリー」は、かれの斬新なエコロジカルで環境主義的な要素を多く含んでおり、ソローの自然観を辿るうえでなくてはならぬ作品となっている。

ソロー最晩年の一八六〇年から六一年にかけて書かれた「ハックルベリー」は、かれの自然観の特徴——超越主義的自然観とエコロジカルな自然観——の両方が見られる。作品の前半において、ソローはハックルベリーが「思想の食物」で「頭脳を養い」、ハックルベリーの野原は「永遠の法則を学ぶことができる大学そのものである」という、まるで『森の生活』で表現された、精神の象徴としての自然観を彷彿させるような内容である。しかしながら注目すべきは後半部分で、一八五〇年以降の緻密な自然観察が反映され、その扱う分野の広さや環境意識の深まりは当時の既成思想の範囲をはるかに凌駕するものであった。

例えば生地コンコードで起こった過去二世紀に及ぶ自然の変化を文献から読み取る環境史の視点だけでなく、その対策としての自然保護を提唱する。このほかにも「ハックルベリー」に表われた斬新なエコロジカルで環境主義的な発言は衝撃的でもある。それは単に原生自然の保護やパストラル（牧歌）への哀歌にとどまらず、ディープ・エコロジーやコモンズ（共有地）、さらには生態学的危機における歴史的要因としてのキリスト教批判、アメリカ先住民の自然観の擁護、森林公園の提唱にまで及んでいるからである。もちろんすでに述べたように、「ハックルベリー」は『日記』からの抜粋を編集したもので、ソローの意図は断片的にしかうかがえないが、それにもかかわらずこの作品を一級の佳作にしているのはソローが環境について広い視野をもって語っている事実である。

自然保護思想

これらのなかで体系的にまとめられている「自然保護思想」について述べてみよう。自然保護思想は自然に対する姿勢と、実際の自然保護運動やその目標とする自然保護区の設置に大別できる。自然に対する姿勢、つまり人間が自然とどう向き合うかに関する倫理や哲学については、『森の生活』で詳しく紹介されたところであるが、『森の生活』という作品の性格から、ソローは真正面から自然保護に対する具体的な提案はできなかった。しかしながら個人の自己改革に訴えて社会を変え、その後で自然保護を進めていく方法に限界を感じたソローは、もっと社会性を帯びた具体的な提言が必要であることを痛感していたに違いなかった。

「ハックルベリー」で提唱された自然保護の理念は、多分に社会性を帯びたものである。というのも十九世紀中葉、マニフェスト・デスティニーの時代、多くの人びとが文明進歩に夢を託していた頃、ソローはハックルベリーの野を追いやる「文明」に対して懐疑的な表明をしている。ハックルベリーの野を守るために、ソローは自然保護の必要を語る。かれは「保存（preserve）」、「保護（protect）」、「公共（public）」、「共有地（commons）」という語を繰り返し使用し、「特定の人のためではなく、謙虚さと畏敬の念で自然を残しておくこと」、「少数者の破壊行為からすべてを守る」、「自然を損なわないで保存する重要性」、「自然は教育とレクリエーションのための共有財産」、「すぐれた自然の美は公共に属すべき」と述べる。ここにはソローが晩年到達した「ＩからＷＥへ」の思想の転換、人間と自然が共存できる共同体の健全さを訴える境地が見られる。これは一世紀後のレオポルドの「土地倫理」を思い起こさせる、環境に対する斬新な倫理観の表明であった。

〔**参考文献**〕

伊藤詔子『よみがえるソロー――ネイチャーライティングとアメリカ』（柏書房、一九九八年）
Ｄ・オースター、中山・成定・吉田訳『ネイチャーズ・エコノミー――エコロジー思想史』（リブロポート、一九八九年）
岡島成行『アメリカの環境保護運動』〈岩波新書〉（岩波書店、一九九〇年）
上岡克己『森の生活――簡素な生活・高き想い』（旺史社、一九九六年）
上岡克己・高橋勤編著『ウォールデン』（ミネルヴァ書房、二〇〇六年）
Ｓ・スロヴィック／野田研一編著『アメリカ文学の〈自然〉を読む』（ミネルヴァ書房、一九九六年）
Ｈ・Ｄ・ソロー、飯田実訳『森の生活』〈岩波文庫〉（岩波書店、一九九五年）
Ｒ・Ｆ・ナッシュ、松野弘訳『自然の権利――環境倫理の文明史』〈ちくま学芸文庫〉（筑摩書房、一九九九年）
日本ソロー学会編『新たな夜明け』（金星堂、二〇〇四年）

第6章　カントの自然観と環境問題

1　「人格中心主義」としてのカント哲学

現在の環境問題の主たる原因が近代科学の「機械論的自然観」にあり、さらにそうした自然観を展開したデカルトをはじめとする西洋近代の「人間中心主義」の哲学にあるという指摘はすでに言い古されて久しい。そしてカント（Immanuel Kant, 1724-1804）の哲学も、人間の幸福のみを目的としその欲望の趣くままに自然を支配することを認めてはいないにせよ、道徳法則の立法者である人格に絶対的価値を認めている点で「人間中心主義」の系譜に位置づけられることは否定できない。しかし今日の生態系主義や動物解放論に代表される「人間非中心主義」も保護されるべき自然の内在的価値をめぐって相互に対立している。本章ではカントの自然観とりわけ目的論的自然観の特徴を明らかにしつつ、道徳的存在者としての人間と自然との関係を考察し、「人格中心主義」の立場から環境保護を基礎づける可能性について探究する。

2　目的論的体系としての自然

機械論と目的論

カントは前批判期以来自然科学の研究に従事し、『純粋理性批判』や『自然科学の形而上学的原理』といった理論哲学の著作においては機械論的自然観を展開している。カントの機械論的自然観はあらゆる自然現象を基本粒子の形、数量、運動に還元して説明する狭義の機械論的自然観とは異なり、ニュートンに由来する引力・斥力を物体の本質として認める「動力学」をその中核とする広義の機械論的自然観であり、因果的必然性と、全体の構造は諸部分の関係や仕組みを理解することで明らかになるとする要素還元主義をその基本的特徴とする。しかし『純粋理性批判』で明らかにされている通り、これらの特徴は物質それ自体が持つ絶対的・内的規定ではなく、現象としての物質の規定である。したがって、カントにとって機械論的自然観とは原因性の概念をはじめとするカテゴリーに従った人間の悟性あるいは規定的判断力の働きによって確立された自然観にほかならない。

こうした機械論的自然観とは別にカントは『判断力批判』において目的論的自然観を展開している。

目的論は一般に存在者の在り方を規定する原理がその存在者自身のうちにあるとする思想であるが、自然観としては生物あるいは有機体の身体的形態や構造は機械因果的にではなく、それ自身のうちに一定の目的が備わっていると考えることで説明可能であるとする見方である。カントは有機体を「自然目的」と称し、その特徴を「自分みずから原因および結果である」ことにあるとしている（九巻二五五頁）。例えば一本の樹木は花が咲き実を結ぶことで他の樹木を類として自己産出するが、また成長を通して自らをも個体として産出している。さらに枝葉は樹木の産物であると同時に光合成などによって樹木自身を維持している。このように有機体は部分と全体が相互に「原因」でもあり「結果」でもあるという仕方で依存し合うことによって存在しているのである。

カントによれば、われわれの基本的な自然科学的認識は原因性の概念をはじめとする悟性のカテゴリーに従った客観的な「判断」によって成立する。これに対して目的概念は作用因のうちにではなく、認識する者の「理念」のうちにのみあり、われわれはそれが個々の有機体のうちに見出されるかどうかを、観察を通して主観的に「判定」することができるのみである。したがって、目的論的認識は機械因果的認識と同様の客観的認識と見なされることはできない。それは機械因果的には説明不可能な有機体の器官や構造を観察する者が、「このような被造物にはなに一つ無駄はない」（九巻三三頁）という規則に従って、それらの器官が「なぜ、何のために」そのような形態をしているのかを探究するうえで手引きとして役立つ認識であり、認識によって直接対象が成立する構成的原理にではなく、あたかも目的が内在するかのように想定する統制的原理に基づく認識なのである。

自然の目的

カントは個々の有機体のみならず、自然全体を一つの目的論的体系と見なすことができると考えている。しかし後者の場合には前者にはない事情が伴う。すなわちある有機体を「自然目的」と見なすことと、その有機体が何のために存在するかという「自然の目的」を問うこととはまったく意味が違うのである。後者の場合われわれは「自然の究極目的」が何であるかを問わなければならないが、それを知るためにわれわれは一切の自然認識を超えて自然を超感性的なものに関係づけることが必要となるのである。例えばわれわれは一本の草の茎を草という有機体の自己産物と見なすことができる。しかしその草が家畜にとって、家畜が人間にとって必要であるという目的論的な連鎖に注目するならば、われわれはいったい人間が何のために存在する必要があるのかを問わざるをえなくなる。結局われわれは「世界のうちではすべてのものはなんらかのために善いのであり、世界のうちにはなに一つ無駄なものはない」（九巻三七頁）という規則に従って統制的に判定することができるのみである。カントによれば、われわれは有機体を「自然目的」として判定しなければその本質を見失うであろうが、同じ有機体が何のために存在するかという「自然の目的」を問うことは自然科学的探究のためには必ずしも必要ではない。しかし現在の環境問題においてはまさしくこうした目的論的連鎖の在り方が問われているのである。この問題に答えるために、われわれはあえてカントが神学的・形而上学的問題と見なした領域に踏み込んで考察を進めよう。

3　「創造の究極目的」としての人間と自然

自然の最終目的

カントは『判断力批判』の「目的論的判断力の方法論」で、「自然の最終目的」が人間のうちにのみ存在しうると述べている（九巻一〇四頁）。「自然の最終目的」とは目的論的体系としての自然の最終項として自然のうちに位置づけられ、決して他の自然物の手段とはなりえないものを指す。なぜ人間のうちにのみ「自然の最終目的」が存在すると言えるのであろうか。それは例えば人間が食物連鎖の頂点に位置するからではない。なぜなら別の見方をすれば人間は自然界全体のバランスという目的の手段としての地位しか持たないと見ることもできるからである。また人間の幸福は人間の本能や動物性に由来する自然概念ではなく、人間が人間の状態について任意に作り出した単なる理念にすぎず、「自然の目的」とは言えない。人間を「自然内存在者」としてだけ見る限り、他の自然物に優先して人間のうちに「自然の最終目的」が存在する理由はどこにも見出されないのである。

創造の究極目的

そこでカントは「自然の最終目的」とは別に「創造の究極目的」を考える。「創造の究極目的」とは他のいかなる目的をも自らの可能性の条件として必要としないものを指すが、「自然の最終目的」

が自然のうちに求められるのに対して、この目的は決して自然のうちに求められるものではない。人間も一自然内存在者と見られる限り、このような目的の資格を備えていない。しかし人間は単に感性的な自然内存在者であるばかりではなく、同時に英知的な「道徳的存在者」として自然の外にも存在している。道徳的存在者としての人間が立てる法則は無条件的で自然に依存しない法則であり、この「無条件的な立法」のゆえに人間は「創造の究極目的」の資格を備えていると言えるのである。

人間が「創造の究極目的」であるとすれば、自然は単独で人間を道徳的存在者にまで完成することはできないにしても、人間をそれに向けて準備するように整えることはできる。具体的には人間が感性的欲望に捕われずに自由に目的を定立することができる「有能性」を生み出すことであり、カントはこれを「開化」(Kultur) と称するのである (九巻一一〇頁)。そして自然界において「開化」が可能なのは人間のみであり、この「開化」こそが人間に「自然の最終目的」たる資格を与えうるのである。したがって、人間のうちにのみ「自然の最終目的」があるのは、同時に人間が道徳的存在者として「創造の究極目的」でもあるという条件の下においてのみ可能なのである。

以上のように、カントの目的論の射程は単に機械論的自然観においては説明不可能な有機体の説明を可能にすることばかりではなく、自然全体を目的論的体系と見なすことで自然と「創造の究極目的」としての人間との関係を解明し、理論哲学から実践哲学への、あるいは自然目的論から道徳目的論への「移行」を可能にすることにまで及んでいる。では人間は何故に「創造の究極目的」と見なされるのであろうか。

4　最高善と「人類の人類自身に対する義務」

最高善の促進

カントによれば、神が人間を道徳的存在者として創造したのは、地上における道徳性と幸福との結合すなわち「最高善」を実現するためである。人間が「創造の究極目的」とされるのも、「自然の最終目的」が人間を道徳的存在者へと「開化」することにあるとされるのもそのためである。道徳性と幸福の結合といっても両者は対等の関係にあるのではなく、幸福は制約としての道徳性に従属した結果として結合するのであり、道徳性に基づく幸福のみが善とされる。このような幸福とは私一人の幸福ではなく、私以外のすべての他人をも含んだわれわれ全体の幸福である。たしかに他人の幸福を促進することは道徳的存在者としての人間の義務である。しかし他人の幸福を促進することがただちにわれわれ全体の幸福を促進し、さらには最高善を促進することになるとは言えない。カントは幸福を「自分の状態に安んずること」と規定しており、基本的には感性的欲望としての傾向性を満足させることと考えており、それは他人の幸福の場合にもあてはまる。問題はわれわれにはどこまでこうした他人の幸福を促進する義務があるかということである。他人が詐欺や恐喝など道徳性に違反する手段に訴えてまでも自己利益を追求している場合には、もちろんわれわれにはそれを促進する義務はない。これに対して、他人が苦痛や窮乏によって自らの状態に安んじることができない場合、同情心に基づいて他人をこうした状態から救うことは他人の幸福を促進することになる。しかしそれを自分の幸福が損なわれない範囲で行なうべきなのか、それとも自分の幸福の一部を犠牲にしても行なうべきなのかについては、各人の判断に委ねられなければならない。つまり他人の幸福を促進する義務は一定の限界を示すことが不可能な消極的な義務にすぎないのである。われわれが世代間倫理の問題を未来世代という他人の幸福を促進する現代世代の義務として考えるならば、やはりこのような問題に直面するであろう。

人類の人類自身に対する義務

『実践理性批判』においてカントは、最高善を促進することは「われわれにとっての義務」であると述べている（七巻三〇五頁）。この義務はわれわれが個別的に自分や他人の幸福を促進する場合の義務とは異なった義務と見なされるべきである。なぜなら後者は自分や他人が道徳性に違反しない範囲で各々の状態に安んずることを配慮する消極的な義務であるのに対し、前者は各人がより積極的に道徳法則に従うことを命じるからである。そして最高善の要素としてのわれわれ全体の幸福とは道徳法則の普遍性に適合した「普遍的幸福」でなければならない。カントは『たんなる理性の限界内の宗教』において、こうした最高善を促進するわれわれの義務を「人類の人類自身に対する義務」として規定している。

ここに一種独特の義務があるが、それは人間の人間にたいする義務ではなく、人類の人類自身にたいする義務である。すなわち、いかなる類の理性的存在者も客観的に、理性の理念においては、共同体的な目的へと、すなわち共同体的な善である最高善を促進するようにと、定められているのである。しかし最高の人倫的善は、自己自身の道徳的完全性のために、個々の人格が努力するだけでは成就せず、むしろそれと同じ目的を持った一個の全体に、つまりよき心術をいだく人間たちの体系をめざす一個の全体に、個々の人格が統合されていることを要求するのである。その全体においてのみ、また全体の統一性によってのみ、最高の人倫的善が成就しうるからである。しかし、その全体は徳の法則に基づく普遍的共和国であるが、そのような全体の理念は、（私たちが自分の力がおよぶことを知っているものに関わるような）道徳法則のすべてとはまったく異なった理念なのである。すなわち、かかるものとして、私たちの力がおよぶのかどうかも知りえない全体、これにたいして働きかけるという理念なのである。それゆえにこの義務は、種類と原理からいって、他のすべての義務と異なっている。――もうここからあらかじめ推測されようが、この義務にはもう一つの理念を、すなわち高次の道徳的存在者なるものの理念を、前提することが必要であろう。個々人の力だけでは不十分だとしても、それがこの存在者の普遍的な執り行いにより統合されて、一つの共同の働きとなるのである。（一〇巻一二九－一三〇頁）

ここでは最高善が「共同体的な善」として示されている。この共同体は特定の国家や民族の枠内に限定される政治的共同体ではなく、すべての人類によって構成されると考えられる「倫理的共同体」である。たしかに各人は道徳法則に従ってふるまう自律的な存在者すなわち人格として自らに対して立法者である。しかしそれだけでは最高善が「共同体的な善」として実現するためには不十分である。なぜなら各人が自らに対して立法者であるという状態には、各人を「一個の全体」へと統合する普遍的な紐帯が欠けているからである。ところでこのような全体は「私たちの力がおよぶのかどうかも知りえない全体」であるから、各人はその立法的性格を「高次の道徳的存在者」としての神に自ら仮託することによって、この紐帯を手に入れようとするのである。もちろんたんに仮託するのであるから、各人の人格は放棄されるわけではない。そしてこの場合の神とは特定の宗教において信仰される特定の神ではなく、「理性宗教」においてすべての人類によって信仰されうる神と考えなければならない。したがって、「人類の人類自身に対する義務」とは、道徳的信仰の対象としての神がいわば「人類全体」という倫理的共同体において最高善を実現するために、人類自身に課せられる義務にほかならないのである。

5　「人類全体」という視点と世代間倫理

前節で提示されたカントの「人類全体」という視点は、同世代内の共時的関係のみならず、異世代間の通時的関係にまで拡張される。例えば『世界市民的見地における普遍史の理念』においては、人類の歴史が個々の人間においては無規則に見えるとしても、全体としてはその「根源的素質」が絶えず前進していく規則正しい発展のうちにあると見て、そこに働く自然の意図を探究する。その第二命題では「(地上で唯一理性をもった被造物としての)人間において、理性の使用をめざす自然素質が完全に展開しうるのは、その類においてだけであって個体においてではないだろう」(一四巻五頁)と述べている。すなわち本能によって生きる動物においては、自然素質が各個体において完成するのに対し、各自が自らの理性を働かせて生きる人間においては、自然素質が個人ではなく類において完成するのであり、個人の理性使用の完成は類による理性使用の完成を待つのである。また『理論と実践』においては、「親が子を産み、その子が親となってまた子を産むという生殖連鎖のそれぞれの世代において、子孫たちがよりよいものとなるように子孫たちに働きかける義務」と「この義務が生殖連鎖の世代から世代へと正しく受け継がれうるように子孫たちに働きかける義務」を「生まれながらの義務」であると称し(一四巻二一六頁)、この義務を人類の進歩を確信する拠り所と考えている。カントは人類の進歩を理論的にまず仮説として設定し、この仮説に従って人類の進歩に寄与することを義務と考えたのではなく、逆にこの進歩に寄与することが「生まれながらの義務」であるからこそ、人類の進歩を仮説として受け入れることができると考えたのである。そしてこの「生まれながらの義務」こそ、人類史の根底に存する「人類の人類自身に対する義務」にほかならない。

今日の環境倫理学における世代間倫理の問題は、未来世代のために資源や環境を守る現代世代の義務をいかに基礎づけるかにある。その困難さは同世代内では成立する「相互性」が、まだ存在しない未来世代との関係においては成立し難い点にある。カントの「人類の人類自身に対する義務」という主張は、異世代間の利害関係を超えた「人類全体」という視点からこの問題に答えていると見なすことができる。たしかに「人類全体」と一体化しつつ道徳法則の普遍性に適合した幸福を実現することが、われわれにとって履行可能な義務と言えるかは大いに問題である。しかし未来社会についてわれわれが不可知であるとしても、未来世代のアイデンティティ自体がわれわれの選択に依存している事実を考慮すれば、われわれは未来世代に対して一方向的な形ででも義務を負うべきであろう。カントの道徳神学的な基礎づけは今日の時代の要請にかなうものではないかもしれないが、こうした「全体論的な」視点から世代間倫理を基礎づける可能性の探究は今後も継続すべきであろう。

〔付記〕　カントからの引用は『カント全集』（岩波書店、一九九九－二〇〇六年）の巻数と頁数とを本文中に記す。

〔参考文献〕

宇都宮芳明『カントと神――理性信仰・道徳・宗教』（岩波書店、一九九八年）
宇都宮芳明『カントの啓蒙精神――人類の啓蒙と永遠平和にむけて』（岩波書店、二〇〇六年）
鈴村興太郎編『世代間衡平性の論理と倫理』（東洋経済新報社、二〇〇六年）
日本カント協会編『カントの目的論』〈日本カント研究３〉（理想社、二〇〇二年）

牧野英二『遠近法主義の哲学――カントの共通感覚論と理性批判の間』（弘文堂、一九九六年）
牧野英二編「特集カント没後二〇〇年」『月刊情況』（二〇〇四年一二月号別冊）
J・D・マクファーランド、副島善道訳『カントの目的論』（行路社、一九九二年）

第7章　スピノザの自然観

――近代的自然観と古代的自然観の交差――

十七世紀を代表する哲学者、スピノザの自然観は、デカルト（René Descartes, 1596 - 1650）、ガリレイ（Galileo Galilei, 1564 - 1642）によって代表される近代的自然観、すなわち機械論的自然観を克服する新たな形態である。だが、その自然観は、かれの主著が、第一に、十七世紀の特徴でもある「神」が前面に出ていること、第二に、その問題設定が認識論的枠組みに立っていること、第三に、叙述の様式として幾何学的叙述をとっている、ことなどから理解されにくい。

それ以上にまたスピノザは、特にユダヤ教から離反し、また「無神論者」の疑いからピエール・ベイルによって批判され、書簡で親交があったライプニッツすらスピノザを警戒する有様であった。そのため、その自然観は表立って後世に影響力を行使することが少なかった。かれの自然観が大きく注目されるようになるのは十八世紀においてである。

だが、バルーフ・スピノザ（Baruch de Spinoza, 1632 - 1677）の自然観は、すでに近代的な機械論的自然観がはらむ問題を浮かび上がらせていることは否定できない。かれは、デカルトから出て主観－客観の二元論を超え、一元論的な自然観の可能性を示している。「神あるいは自然（deus sive natura）」「能産的自然と所産的自然（natura naturans, natura naturata）」といった言葉で表わされるスピノザの自然観は、「汎神論的自然観」である。これらの言葉が示すように、スピノザの試みは古代以来の自然観を、近代的自然観の背景として復活させようとする試みであると言えよう。

この自然観は、自然の全体を一つと見、それを「生きている自然」と見る構想を可能にする自然理解である。スピノザの自然観は自然の全体主義的把握を示しており、今日の「地球全体主義」と通底するものを持っている。もちろん、このような「一元論的自然観」とか、あるいは「生きている自然」という言葉がその理論的可能性を示すことができるのは、「自然」のうちに自然そのものの自己発展の構造が解明されることによってであるが。

1　神あるいは自然

スピノザの出発点としての認識論問題

スピノザの「神あるいは自然」という基本的な考え方は、認識論的な問題から生じてくる。デカルトの場合、空間的な広がりを持つ自然（延長）と自分へと収斂する精神（自我）とはまったくの別物であり（二実体説）、そのため、両者の間に成り立つ認識可能性すら、揺らがざるをえない。認識とは対象と表象の合致であり、両者の間に共通性がなければ、この「合致」も偶然的でしかなく、「合致」の必然性はないと考えなければならない。そのために、デカルト的な二実体説では、この「合致」を保証するために、神の存在を要請せざるを得なくなる（「生得観念」説）。

スピノザはこの点から出発する。神とは、唯一実体であり、「延長」と「自我」とは、その「属性」であると考える。スピノザは、デカルト的な二つの実体の次元をこの「属性」に落とし、二つの実体を唯一実体である神の属性と考えた。このように考えることによって、「自我」‐「延長」は神に根拠を持つものとなる。自我が「延長」たる自然を認識することは、神によって当然のこととして保証されることになる。

神あるいは自然がなにゆえに働きをなすかの理由ないし原因と、神あるいは自然がなにゆえに存在するかの理由ないしは原因とは同一である」（畠中尚志訳『エチカ』第四部序言）。

スピノザの「神あるいは自然」という考え方は、上述の認識論的な問題設定がぶつかる問題を解決するために提出された、この自然認識の可能性の問題を前提にして成立する。神の存在を前提として、神によってこの認識が保証されることは変わりがない。スピノザはこれを「実体」「属性」「様態」という概念によって解明する。スピノザの自然観を見るとき、すべて「神」が問題になるがゆえに、この点に関して簡単に説明しておく必要があろう。「実体」とは自分自身によって存立する存在者であり、「自己原因（causa sui）」である。つまり因果律の支配を受けない存在者である。それに対して、「属性」とはこの実体を構成する不可欠な構成要素である。「様態」とは、この実体あるいは属性が何らかの刺激を受けて変化した状態（「変状」）を意味している。

存在論的な保証

このようにスピノザは認識論的な問題設定から出発し、デカルトに対する批判から始まった。このような認識論的なのりこえを保証しているのが、その実体の力動的な捉え方に基づく自然観であった。

2　「能産的自然」と「所産的自然」

能産的自然の伝統

スピノザの解決は、「能産的自然」という考え方に基づく新しい自然観を提示することになる。「能産的自然」という考え方は、もともと古代以来の考え方であり、ルネッサンスにおいて復活する考え方である。有名なのはジョルダーノ・ブルーノ（Giordano Bruno, 1548 - 1600）である。スピノザはそれをこう言っている。

我々は能産的自然をそれ自身のうちにあり、それ自身によって考えられるもの、あるいは永遠、無限の本質を実現する実体の属性、言い換えれば自由なる原因として見られる限りにおいての神と解さなければならぬ。これに対して所産的自然を私は、神の本性あるいは神の各属性の必然性から、生起する一切のもの、言い換えれば神のうちにあり、かつ神なしに在ることも考えられることもできないものと見られる限りにおいての神の属性のすべての様態、と解する（『エチカ』第一部定理二九備考）。

「能産的自然」とは「実体」であり、自己原因としての神である。それに対して所産的自然とはこの実体である神が変化した姿、すなわち「属性」の変状である「様態」である。したがって、「能産的自然」は、その変状である「所産的自然」と一つになって、その全体を作り出す。それが自然界である。この「能産的自然」と「所産的自然」の運動が自然の全体を作り出す。その限り、自然とは神の永遠の運動であり、神の姿の具現であると言わなければならない。それは、人間がやはり、神の被造物であり、神の属性の「変状」であるとしても、この自然の豊饒な動きこそが神の豊饒さを示すものとなる。

少なくとも、われわれに対して現象する自然、眼前にある自然は、事実としての自然である。それはこの「所産的自然」である。だが、この事実としての自然が「所産的自然」であるとしても、この事実としての自然を生み出すのが「能産的自然」である。だから、われわれから独立に、この「事実としての自然」は「能産的自然」－「所産的自然」としてわれわれの前に現われる。

　このようにして、自然は自らを生み出し、その生み出したものと一つである。この点にこの能産的自然としての自然の理解の基本が存している。

心身問題

　この認識論的な問題設定は、デカルトがぶつかったように、「心身問題」をどのように解決するのかという問題に行き着く。スピノザによれば、二つの属性である「精神」と「身体」とは、この「神あるいは自然」であるところの唯一実体の「変状」にほかならないという。「精神」と「身体」とは実体の二つの属性であり、その変化は、この唯一実体そのものの変化である。「精神」といい、「身体」といっても、それは同一の実体の二つの形態であるがゆえに、そこには、「身体」の変状が実体の変状であって、それはまた同時に精神の変状でもあることになる。要するに、一切の自然現象は神の「様態」であるから。精神と身体とは互いに独立しているけれども、それは神の実体の変状として同一構造を持っているのである。

　スピノザは、デカルトの問題を、自然と自我とが同一の構造を持つということによって解決した。このような解決の方向は、実にデカルトが立てた自我中心主義を相対化するものである。むしろその自然の形成過程の中に自然を中心にして自我を位置づけようとする試みであった。スピノザの自然観は、徹底して近代の人間中心主義的な人間－自然関係の理解を相対化する。われわれもまた自然の運動の成果である。自然の運動そのものが人間の思惑を越えて一つの全体を作り出すことを主張している。

神の知的愛

スピノザのこの考え方の要点は、この「能産的自然」をどのようにしてわれわれ有限者、つまり属性である精神と身体の統一体である我々が認識することができるのかである。結局のところ、「能産的自然」が単なる仮説ではなく、現実の世界構成を示すことができるかどうかは、どのようにしてこの「能産的自然」をわれわれが現実的な原理として捉えることができるかにかかっている。この課題をスピノザの認識論が担うことになる。スピノザはこれを「第一種認識」「第二種認識」「第三種認識」と区分する。第一種認識（意見、表象）は、感性的経験的認識である。第二種認識は理性的認識（ラチオ）、第三種認識は直観知である。

問題はこの第三種認識で、スピノザはこれを「神の知的愛（Amor Dei intellectualis）」と呼んでいる。われわれの認識が経験から始まり、この限り、「所産的自然」を捉えることができる（第一種認識）。それが理性的な認識に高まるとしても、それで捉えることができるのは「所産的自然」を貫通する共通概念、本質にすぎない（第二種認識）。「所産的自然」の全体性にすぎない。だが、神が自らを認識すること、すなわち神の自己認識こそがこの第三種認識である。これによって、神の属性である人間の精神は直観において神を捉えることができる。これは神の自己認識であり、神の自己創造を意味することになる。

精神の最高の努力および最高の徳は、物を第三種認識において認識することである（『エチカ』第五部定理二五）。

「所産的自然」は個物（自然物）としてわれわれの目の前にある。この「所産的自然」をわれわれ有限な精神は認識することができる。「能産的自然」は唯一実体であるから。だが、この個々の事物を認識するだけでは「能産的自然」を認識することにはならない。そのため、個物を「永遠の相において」認識することこそ、この「能産的自然」を、神を認識することを可能とする。これが「神の知的愛」と言われることになる。

人間精神は有限であるけれども、神の属性であるがゆえに、「永遠性」の境位に至るなら、直観的に個々ばらばらな「所産的自然」の真の姿を捉えることが可能となる。

このようにスピノザは「能産的自然」の認識の可能性を提示する。この認識の三段階を踏むことを要求するのは現象的に見れば、「所産的自然」の姿が、個物のあり方を取らざるをえず、数多のあり方をしているがゆえに、である。この数多のあり方を一として統一するところに「汎神論的自然観」は成立している。

3　汎神論的自然観

「所産的自然」と個物

こうしてスピノザは、この自然全体が必然性が支配する世界であると捉える。だが、この必然性が意味するものは論理的結論として捉えられる必要がある。少なくとも、「所産的自然」の世界は数多の世界であり、ばらばらなあり方をしている。だが、この「所産的自然」こそが、唯一実体の現象形態だということである。これが「延長としての自然」と言われる。

この「延長としての自然」は、自然が神の属性であることを示しているが、その永遠における形態が「運動と静止」という特性である（『エチカ』第二部公理二）。だから、自然物はすべて運動し、静止する。このような実体が属性として現実に存在し、それが変化し生き生きと運動するとき、この変化の一つ一つが属性の変状であり、「様態」である。この神の属性の変状が「個物」として現われる。だが、自然の全体が「個物」であると同時にその部分もまた「個物」である。

「個物」は有限であるがゆえに、この「運動と静止」とは、ほかの「個物」との相互関係において触発され、動かされることによって生じる。

したがって、「所産的自然」の全体こそがこの属性の様態であり、その限り、永遠である。それに対して個物が、属性の変状であり、その限り、有限である。だから、この自然の永遠性は、個物ではなく、個物の総体について言える。そのため、「全自然が一つの個体であって、その部分すなわちすべての物体が全体としての個体に何の変化をきたすことなしに無限に多くの仕方で変化する」（『エチカ』第二部補助定理七備考）。

コナッスと自己保存

大事なのは、このような個物が独自の意義を持つことである。スピノザは「自己保存の努力（conatus）」でそれを示そうとする。このコナッスは、事物の現実的な本質であると言われ、しかも個物の有限性に対して、「無限定な時間」（『エチカ』第三部定理七）を含んでいる。このことは個物が神の属性の変状であることを端的に示している。

コナッスは個物を存立させ、ほかの個物から区別される根拠を作り出す。コナッスが個物の現実的本質であることは、個物が永続性を持つことを示しており、自らのうちに凝集することによって、他の個物から自らを区別し、自らを個体として存立させる「自己保存」せしめることを意味している。したがって、コナッスによる自己保存によって、個物そのものが独自の存立の基礎を持つことになる。もちろんこのとき、個物はあくまでも「様態」であって、実体ではないけれども、唯一実体の形成する「所産的自然」の体系の中で、個物としての自立性を主張することが可能となることを意味している。この個物のあり方は、個物が自らのうちに個物そのものの自己形成力を持つことを意味している。この点にこそ個物もまた実体の変状であることが示されていることになる。

このようなあり方として、生命体をモデルとして考えることができるだろう。つまり、有機的自然観こそスピノザの自然観の中心に座っていることである。全体としての自然と個的有機体との関係として、自然の運動が考えられることになる。

4　「因果律」批判
——「機械論的自然」と有機的自然観の可能性——

スピノザの有機的自然観は、デカルト、ガリレイら以来の「機械論的自然観」からはっきりと区別される。デカルト、ガリレイらの「機械論的自然観」は量的把握を特徴とし因果律に支配される自然観である。スピノザは一切の存在の「必然性」を強調する。だが、自然の運動が必然性によって支配されることはただちに「因果律」に従う自然の運動を意味していない。スピノザの自然観は、後に汎神論者の典型としてヤコービ（Friedrich Heinrich Jacobi, 1743-1819）によって「宿命論的世界観」という指摘（ヤコービ『スピノザ書簡』一七八四年。ちなみにこれによってメンデルスゾーンとの間でいわゆる「汎神論論争」が生じる。一七八四-八五年）を受けるけれども、問題は、この「必然性」と「自由」との意味である。

自由と必然

スピノザが「自然の必然性」と言うとき、「自然」が唯一実体である神の様態であることを示しており、かつ「自然の永遠性」と同義である。そのため、この「必然性」は神の存在の必然性を示すものであり、「絶対的に考察される」場合に、「永遠の相のもと」に見られる場合のあり方を示している。だから、スピノザの「自由意志」否定論というのも、意志が唯一実体である神の属性である「思惟」の様態、変化した状態を示すからである。

アウグスティヌス以来問題にされた「自由意志」が、神から離反する有限な人間の意志を意味する限り、それは、人間精神が神の属性であることを否定する議論となる。その限りスピノザは「自由意志」を認めることができない（『エチカ』第一部定理三二）。意志が存在することは神が必然的な原因となっていることをスピノザは主張する。それは「神が意志の自由によって作用するものではない」（『エチカ』第一部定理三二系一）と言われることになる。

因果律の問題

ところで、スピノザの「個物」把握は、自然が自己保存のシステムを持つ存在であることを意味する。だから、他者によって存立するわけではない。「因果律」を「自分の外部にある事物によって動かされること」あるいは「自分の存立の根拠を自分の外部に持つ」と定義するならば、スピノザの「個物」はこの「因果律」の支配する世界の中で、また他者との交渉の中で、自分の存立根拠をコナツスという「自己保存の衝動」のうちに持っているのである。

したがって、個物の運動はそれが神の属性の様態である限り、「因果律」に基づかない。だが、「個物」は他の個物の作用によって触発される、その限り、すなわち個物が有限な存在として考察される限り、個物相互の関係によって、すなわち「因果律」によって支配されることになる。だが、この因果律は、スピノザの言う「自然の必然性」とは異なっていると言わなければならない。「因果律」とは、有限な事物相互の関係を支配する法則である。そうであるとすれば、「個物」が実体と切り離されて見られる限り、「個物」が絶対的と見られる限り、やはり「因果律」の支配に服すると言えよう。

だが、すでに述べたように、スピノザが強調するのは、コナツスによって、個物が自己保存することである。このことによって、個物は、全自然のうちで、「様態」でありながら、ほかの個物に対しては、独立した働きを持つことが可能になった。このように、この個物はもはや機械論的な量的還元が不可能な個性を持っている。このような個物のあり方こそがスピノザの提起する自然観であり、それが後にまたライプニッツが「モナド」として継承し、シェリングがスピノザの名前を明示的に上げて継承することになる有機体的自然観を示している。

スピノザの自然観は、神を掲げる議論の仕方こそ、今日のわれわれにはなじまないかもしれない。だが、その論理的な展開は、われわれが今日「有機体論的自然観」について注目するとき、モデルケースとなるだろう。スピノザに対する注目は、一つは「生態系」の自律的な運動を明るみに出す。今日、ディープエコロジー、あるいは「自然の権利」などといった「環境倫理」において主張される議論が、真に正当性を持つ可能性があるとすれば、「生態系」の自立性の解明が不可避である。そのとき、スピノザの議論は一つのモデルケースとなるだろう。個と全体、人間と自然、この関係を全体としての自然から分析し、個の相対化が生じてきた。それと同時にかれの因果律批判は、全体としての自然の中における個の絶対化に原因を見る議論であり、個の相対化を通じて、全体としての自然のうちに自らを回復することを示唆している。それこそが今日的な「持続可能性」の議論に示唆を与えるものと言えるだろう。

もう一つ、スピノザの自然観は、われわれの自然的存在としての生命活動に対しても示唆的なものを示している。「生態系」の一員でありながら自立的活動をしている存在のあり方である。一見すると全体主義的自然観はわれわれ人間の存在を否定してしまい、「人間の尊厳」との対立を引き起こすように見える。だが、スピノザの議論は、むしろ個の存立そのもののあり方に示唆を与えるものであり、環境倫理と生命倫理の対立を超える自然観の構築の可能性を示すものである。

われわれの活動が「生態系」全体に対して与える影響の問題は、個の全体との関係でわれわれが自らの行動を組み替えていくことの必要を示している。

〔参考文献〕

上野修『スピノザの世界――神あるいは自然』〈講談社現代新書〉（講談社、二〇〇五年）
河井徳治『スピノザ哲学論攷――自然の生命的統一について』（創文社、一九九〇年）

Ｂ・スピノザ、畠中尚志訳『エチカ』（上・下）〈岩波文庫〉（岩波書店、二〇〇六年）
Ｊ・フロイデンタール、工藤喜作訳『スピノザの生涯』（哲書房、一九八二年）
リュカス／コレルス、渡辺義雄訳『スピノザの生涯と精神』（学樹書院、一九九九年）

第8章　シェリングの自然観
——不可視の自然、可視的精神——

「生きている自然」「生態系」の問題、われわれが今日環境問題を考えるとき、かならず自然のあり方そのものを再検討するべく要求される。われわれの行動そのものがどのような影響を自然に与えるのか。われわれと「生態系」との相互影響の問題は今日の環境問題を解く上で必要不可欠なものである。

スピノザの自然観はそのモデルケースであり、それを継承したフリードリヒ・ヴィルヘルム・ヨーゼフ・シェリング（Friedrich Wilhelm Joseph Schelling, 1775 - 1854）もまた「能産的自然」の考え方を自然の基本的な理解にしている。スピノザは異端的な思想家として埋もれていた存在であった。十八世紀後半にスピノザが、哲学史的叙述において紹介され、しかも無神論者として紹介された。スピノザの評価が論争的に取り上げられた時代である。その中で、スピノザの名前を掲げて、自然観を展開したのはシェリングであった。

シェリング自然哲学は、カントによる「哲学革命」の後に、登場する。そのため、シェリングは、スピノザを高く評価するとしても、スピノザと異なった形で「有機的自然観」を主張することになった。スピノザの「実体」論に基づく静態的「有機体論的自然観」をコナツスに着目して、力一元論として徹底して能動化したのがシェリングであった。それはコナツスの「自己保存」の論理構造をも解明することになったと言えよう。とりわけ、シェリングの自然観の解明は、無機的自然－有機的自然の全体を一つの有機体として捉え、今日の「地球全体主義」を先取りしているとも言えるだろう。それは、当時の地学などの知見から理論化された鉱物をも有機体と見る（「鉱物有機体」）ゲーテ、ヘーゲルにも共通する全体としての有機体構想であった。

シェリングの出発点もまたカントの認識論に定位しつつ、フィヒテを介して存在論的に問題を受け止めたところにこのような自然観を主張していることである。

1　可視的精神としての自然

シェリングはカント以来の「超越論哲学」を継承し、先行者のフィヒテを補完するために、自然哲学を超越論哲学のうちに取り込もうとした。そのかれは、自然と精神との同一性を基本として、むしろ自然から自我への展開のうちに「自然」と「精神」との関係を浮かび上がらせる。

精神は不可視の自然であり、自然は可視的精神である（『自然哲学への理念』第一版序論、一七九七年）。

この自然から精神への運動は、精神の「眠っている状態」から「覚醒している状態」への展開である。この「覚醒状態」が「最高のポテンツ」といわれ、そこに認識主観としての「自我」が成立する。この自我の前に登場する自然は、まさに自我の形成過程を示すものであり、「自己意識の超越論的過去」と呼ばれる。この超越論的過去としての自然は、自己形成の「記念碑」であり、自然物としてわれわれの前に存在し、それをわれわれの「自我」が捉えることによって、われわれは自然を認識することになる。

全自然が意識にまでポテンツ化されるとすれば、あるいは自然が自ら貫通するさまざまな段階について何ものも――いかなる記念碑（Denkmal）も――残さないとすれば、自らを再生産することは、自然そのものにとって、理性とともに不可能であろう（『力動的過程の一般演繹』一八〇〇年、第六三節）。

したがって、この自然認識は、「記念碑」の触発によって、自我が自分の過去を認識することであり、「自我」として成立する自然過程そのものを「想起（アナムネージス）」することである。

かれは自然の全体が一つの有機体であると言う（「普遍的有機体」『世界霊魂』一七九八年；「絶対的有機体」『自然哲学体系への第一草案』一七九九年）。全体としての有機体は、力の対立によって生み出され、その三つの次元によって構成される。このような自然観は、古代人の用語であり、当時ヤコービやマイモン（Salomon Maimon, c. 1753 - 1800）によって指摘された「世界霊魂（アニマ・ムンディ Weltseele）」によって、しばしば特徴付けられることになる。

自然の階層順序とポテンツ論

この三つの次元は、力の対立から生み出された「基体」の上に展開される。この展開は力の充実のプロセスであるがゆえに、通例「ポテンツ論」と称されている。この三つの次元は、その基体を何にとるかによって、時期的に異なっている。ここでは、シェリングの自然哲学時代の頂点に位置する一七九九年のものを紹介しておく。

〈原過程〉〈根源的質の形成〉

（無機的自然）	物質	力動的過程	磁気	電気	化学過程
（有機的自然）	生命	有機的過程	感受性	刺激反応性	形成衝動

〈普遍的有機体〉

第一のポテンツは、物質が構成される過程であり、無機的自然が成立する。この無機的自然において力動的な過程が展開される。その過程は基体としての物質を解消する過程である。その第三の契機は化学過程であるが、これにガルヴァニ過程が含まれている。そして化学過程によって解消されたところに成立するのが、対立して存在した物質の統一を示す基体、生命である。

この生命を基体にして植物と動物の過程が展開されることになる。この植物と動物の過程に関しては、シェリングは植物の過程を「生命の消極的原理」とのべ、動物の過程を「生命の積極的原理」とも称する。これは動物こそが「有機的過程」をはっきりと示すものであることに基づくとともに、「植物」の過程において生じている現象は、まさに「化学過程」であるからである。だから、「植物」は有機体の側に置かれ、有機的過程に位置づけられるけれども、そこで起こっているのはまさに有機体における化学過程であるということができる。

この三つのポテンツにおける三つの契機はそれぞれ対応している。とりわけ、生命においては、生命の自己維持的性格が、感受性－刺激反応性－形成衝動の三肢構造で示されることになる。

この際、外的刺激に対して直接対応するのは感受性であり、この感受性で受容した外的刺激に対して生命の内側から内的なものとして加工して反応するのが刺激反応性である。それに対して、この刺激反応性に基づいて自己形成的に外部に反応していくのが形成衝動である。

このように生命は、シェリングの場合には、環境と媒介しながら自己維持する存在として捉えられることになった。しかも、このことは当時の医学的な議論を背景にして行なわれたものである。したがって、この生命把握から当然のこととして、「病気」とその治療の根拠もまた解明されることになる。「病気」とはまさにこの環境との媒介性に問題が生じていることを示している。この媒介性の回復こそが「治癒」を意味している。

しかもそれは、この生命の自己維持的存立構造を強化することによって可能となるわけで、その意味でシェリングの治療観もまた、かれが依拠した当時の「ブラウン」医学とは異なって、「自然治癒説」を主張するものとなった。この点では、今日のがんなどの免疫療法を想起させるものであるだろうし、「恒常性（ホメオスターシス）」という今日の生命理解に通じる考え方を示していると言えるだろう。

自然の自己運動

ところで、先の図式で、第一のポテンツは、実は「原過程」を意味していると考えることができる。そのとき、自然の物質構成に強調を置いた理解の仕方になる。くわえて、「普遍的有機体」と書いておいた。これを第三のポテンツと考えるならば、力動的過程が第一にポテンツとなる。実はこのような解釈のずれが生じる原因は、シェリングの構想そのものにあると言えるだろう。

シェリングは自然の自己運動を円環的な自己還帰構造と捉えているのである。シェリングの自然理解の核心はまさにこの点にあると言えるだろう。この点にシェリング自身の自然の運動の理解の深化も存在している。

2　自然＝生産性と産物の統一

根源的二重性

ところで、このポテンツ論をシェリングは、はじめは、カント的な牽引力と反発力の二つの対立から展開しようとした。だが、この対立はシェリングによれば、二つの力ではなく、一つの力から説明されなければならない。シェリングは、「生産性」の概念に基づいてこのポテンツ形成の運動を捉え返し、自然の一元的な把握を行なう。

たんなる産物としての自然（所産的自然）を、我々は客観としての自然（これだけに一切の経験は向かう）と名づける。生産性としての自然（能産的自然）を、我々は主体としての自然と名づける（これだけに一切の理論は向かう）（『自然哲学体系草案序論』一七九九年）。

「自然とは生産性と産物の同一性である」という自然の規定が与えられる。さらに「同一性における二重性」という表現も与えられている。それはまさに自然の運動の根拠をこの「二重性」に見ているからである。物質であれ、生命であれ、自然物はつねに「同一性」という形態をとっている。だが、この「同一性」はつねに「生産性」によって充実されている。それを個体として存在させるのはこの「生産性」を阻害する点があるからである。

根源的質の構成

シェリングによれば、「生産性」は無限な方向性を持っている。この方向の対立によって、「生産性」は阻害される。この阻害点＝ゼロ点が生じる。このゼロ点において生産性は、われわれの経験にとっては、「静止」となる。それが存在である。だが、一見すると「静止」にしか見えないこのゼロ点において、「生産性」はつねに働いている。したがって、このゼロ点は「生産性」の消滅ではなく、つねに「生産性」によって充実されている。これが「根源的質」と呼ばれる。これが「物質」の「内実性」を作っている。これによって、「生産性」は「再生産性」になる。もはや「物質」は古代以来カントに至るまで前提された「期待」ではない。「物質」は力から構成されるのである。シェリングは既存の存在観を覆し、生成を基本として「存在、持続」を説明することになった。

それをシェリングはA、A^2、A^3という「冪乗《べきじょう》」で説明している。ちなみに、この「冪乗」というのは「ポテンツ」のことであり、シェリング自身が述べており、かつヘーゲルが指摘するように、当時のシェリング派の医師にして自然哲学者であったエッシェンマイヤーに由来する概念である。ここからシェリングの自然過程の説明は「ポテンツ（展相、勢位）論」と呼ばれることになった。そして、これが「物質の構成」の「自然哲学的説明」と言うことができる。自然はこの「生産性」から一元的に説明されることになる。

このような説明に、シェリングはさらにもう一つ、「形而上学的説明」とでも言うべきものも与えている。すなわち、「無制約者の否定的表現」（『自然哲学体系への第一草案』一七九九年）というものである。「産物」はこの生産性（無制約者）が自らを「自己－客観化」することによって成立する。この説明は、自然の矛盾をも見るものとなる。

自然は根源的に自分自身に対して客観にならなければならない。純粋な主観が自己－客観に転換することは、自然そのものの根源的な分裂がなければ考えることができない。……この二重性は……一切の物理学的説明の原理であり、……一切の対立をそれ自身もはや現象しない自然の最内奥における根源的な対立に連れ戻す（『自然哲学体系への草案序論』一七九九年）。

このようにして、二重性が自然の運動の根拠とされるとき、実は自然過程が自然から精神への移行の挫折を示すものとなる。無機的自然のポテンツが「同一性」（無差別）に到達するときに「生命」に移行するが、この「生命」の領域、有機的自然の過程ではこの「二重性」が「有機的二重性」と言われる。この「有機的二重性」が「無差別」に到達することは、有機体の自己否定であり、それは個別的有機体の死を意味せざるをえない。そのため、シェリングはここに「有機的過程」が無差別に到達できないことを見ている。

個々の有機体が死滅するとしても自然そのものは死滅しない、それを示すのが「普遍的有機体」である。だから自然は全体として自己完結的に存在することになる。このことが、自然哲学をも超越論哲学からも自立させ、シェリングをして超越論哲学と自然哲学の「平行論」を主張するにいたらせる。

3　普遍的有機体の構想

自然の自己運動

「普遍的有機体」は、また「絶対的有機体」とも呼ばれるが、これは自然の全体が有機体であることを意味している。だが、これをスピノザの「実体」として理解すれば、端的に自然の構造を示す言葉である。無機的自然と有機的自然とは全自然を構成する。この両者は自然全体の中で、端的に相互に独立した領域を形成する。

両者が自然の階層性を表わすのは、まさにこの「普遍的有機体」の表現として理解されることによってである。だが、それぞれをそれ自身に即してみるならば、それぞれが独立したポテンツとして独立した領域を形成していることになる。したがって、両領域は、普遍的有機体を実体とするならば、スピノザの言う属性である。それゆえ、シェリングによれば、自然の全体はこの二つの独立した領域からなる、それ自身完結した、生きている有機体であることになる。

シェリングは自然そのものが「有機体」であることを主張し、またその内部構成として「有機的過程」が存することを主張することになった。この自然そのものが有機体であるということは、今日の環境倫理に通呈する生態系理解を示すものである。

その理解は、ロマン主義の哲学者と言われながら、その論理構造を力一元論の立場から主張したものであり、今日の環境倫理が前提する自然観につながるものであろう。

とりわけ、「ディープエコロジー」の主張は共感を呼んでいるけれども、シェリングの議論はそれを先取りしたものであり、環境倫理のテーゼの正当性に根拠を与えることを可能にする議論であると言えるだろう。自然科学の現段階において、その成果をもう一度構築しなおし、従来の自然観を再検討する有力な議論であると言えるだろう。

この点からさらにこの「有機体」に関する議論を見ていくならば、シェリングによれば、この「普遍的有機体」を前提することによって、自然はその無限な存続を可能としている。

少なくとも、「有機的二重性」は個々の生命においては、すなわち無機的自然と対立した有機的自然における有機的過程においては、「無差別」に到達する。したがって、個々の生命は死に至る。だが、全体としての有機体においては、自然の二重性は、無差別にいたることなく、自然は生き生きとして運動し続けることになる。こうしてまさに、自然は永遠に循環し、その体系的秩序を現実には「自然の階層性」として示し続けることになる。このようにして、二重性を本質とするという自然の矛盾は、自然の自己運動＝円環的自己還帰構造によって解決されることになった。

この点こそ環境倫理から見ても重要なのではないか。この自然の自己運動の中で生み出された生命は、全自然の体系的秩序の中でその一つの構成要素をなしていることになる。しかも重要なのは、この全体としての自然のうちに「近代的自我」としての人間をも位置づけ、それによって、自我は自然の運動によって生み出されたものであり、「派生的」なものであることを示している。それは、「人間中心主義」的な絶対化から自我を解放し、自然の全体性において人間の責任への視座をも与えるものになっている。

しかもシェリングはこの自然の階層性に基づく自然過程から、人間の歴史そのものをも展開しようとしている。シェリングは、人間が自然存在として全自然の一契機であることに定位しながら、歴史哲学を展開しようとしている。このような試みは、全自然の中で自然存在としての人間という見地から、社会理論を再構築することこそが環境倫理にとって急務であること、そしてその可能性を示したと言えるだろう。

並行論と物理学的スピノザ主義

ところで、シェリングの解決は、自然の永遠の自己運動を説明するけれども、自然から精神へという当初のシェリング自然哲学の課題を自然哲学は達成できないことを示した。すなわち、超越論哲学の出発点たる自我が自然過程の「最高のポテンツ」においては達成されないのである。もう少し言うならば、この自我は「普遍的有機体」であると言えようか。

そのため、哲学的には、シェリングは超越論哲学と自然哲学の「並行論」を主張することになった。

しかも、すでに述べたように、「普遍的有機体」は、自然の統一を示す不可欠の概念装置であり、その意味で、カントの理念である。それと同時にスピノザの「実体」を意味するものとされた。

そのため、シェリングは「並行論」に基づいて自然哲学を「物理学のスピノザ主義」（『草案序論』）と称している。この規定が、スピノザを継承して「能産的自然」と「所産的自然」という表現で示されることの重要性を示している。すなわち、シェリングが「二重性」を自然の本質的規定として、それによって自然の自己運動の根拠をも明らかにしたことである。「能産的自然」と「所産的自然」という捉え方そのものは、つねに「有機体論的自然観」にとって魅力的なものである。けれどもこの自然の自存性は、自然の運動根拠を内在化させない限り、つねに「因果律」の支配に引き込まれることになる。それをスピノザはコナツスという「自己保存の努力」によって説明したが、シェリングはそれを徹底してこの「二重性」に基づいてスピノザを捉え返したことに基づくと言えるだろう。シェリングは「自然の自律（Autonomie）」「自然の自足（Autarchie）」と述べている。自然はもはやそれだけで永遠に運動し続けているのであり、そのかぎり、自らの力でさまざまな自然物を生み出し、自然の豊饒さを作り出している。

4　おわりに

シェリングの自然観の大枠はほぼ以上のようなものである。スピノザに対する着目はその後も続き、一八〇一年にはスピノザの「幾何学的」叙述を思い出させるような作品（「わたしの哲学体系の叙述」）を書き、そのあとに『ブルーノ対話篇』（一八〇二年）を発表している。

これらを通じて、つねに有機体論的自然観がはらむ難点、すなわち個体が自立的に存在することはどのようにして論証できるのかという問題（個体性の存立根拠）をシェリングの自然観もまたはらまざるをえず、この問題がシェリングのその後の思想展開の中の課題となった。

シェリングは一八三一年には電磁気学に画期を記したマイケル・ファラデー（Michael Faraday, 1791-1867）の「電磁誘導」に関する講演を行なう。さらに「自然過程の叙述」を一八五一年に書き、生涯を通じて自然の問題はかれの思想の中核を占めた。

かれの自然観は、全自然における人間の位置を解明し、歴史への視座を開くけれども、社会的存在としてのわれわれを解明し切れなかった。その点は、環境問題において、われわれの社会環境の問題を導入するうえでも弱点を持っていると言える。だが、今日もう一度、このような自然観は「環境」＝自然概念の再検討から社会的・自然的存在としての人間を展開する可能性を見ることの重要性を示している。

〔参考文献〕

Ｆ・Ｗ・Ｊ・シェリング、高月義照・池田俊彦・中村玄二郎・小西邦雄訳『シェリング初期著作集』（日信堂、一九七七年）

薗田宗人編訳『太古の夢・革命の夢』〈ドイツ・ロマン派全集20〉（国書刊行会、一九九二年）
長島隆「シェリング――ドイツ観念論における自然哲学の伝統」東洋大学哲学科編『哲学を使いこなす』〈東洋大学哲学講座２〉（知泉書館、二〇〇五年）
西川富雄編『自然とその根源力』〈ドイツ観念論との対話２〉（ミネルヴァ書房、一九九四年）
廣松渉編『自然と自由の深淵』〈講座ドイツ観念論４〉（弘文堂、一九九二年）

第Ⅲ部

新しい環境倫理

第9章　ドイツの実践的自然哲学

マイヤー＝アービッヒ（Klaus Michael Meyer-Abich,1936 - ）はドイツ実践的自然哲学を代表する哲学者である。現在、人類にとって地球規模の未曾有の危機が迫っていると言われている。周知のように、それは人間文明の発達がもたらした地球環境破壊によって引き起こされた。実践的自然哲学とは、このような時代にあって、「人間と自然との関係はどうあるべきか」を根本から問い直し、これまでとは違う新しい実践（生き方）を提唱する。こうした実践的自然哲学の先行者がハンス・ヨナス（Hans Jonas,1903 - 1993）である。

1　ハンス・ヨナスの視点

ハンス・ヨナス

二十世紀に最大の災禍をこうむった民族はユダヤ人である。第二次世界大戦中、多くのユダヤ人がナチスによって強制収容所等で命を奪われた。だが、その一方で多くのユダヤ人が亡命という形で命を繋いだ。科学者アインシュタイン（Albert Einstein, 1879 - 1955）、心理学者エーリッヒ・フロム（Erich Fromm, 1900 - 1980）、政治哲学者ハンナ・アーレント（Hannah Arendt, 1906 - 1975）、レオ・シュトラウス（Leo Strauss, 1899 - 1973）など多くのユダヤ人がアメリカに亡命したのであるが、そのうちの一人にハンス・ヨナスがいた。このように亡命という形で命を繋いだ人たちが、人類の文化にさまざまな貢献を果たすことになる。例えば、これは明らかにマイナスの貢献であるが、アインシュタインは人類を大量殺戮する核兵器の生産に大きく貢献した。また例えばその名著『自由からの逃走』のなかで、フロムは人間をナチスのような狂気に走らせたその心理的構造を、「自由」の分析によって明らかにした。

ハンス・ヨナスは晩年の名著『責任という原理』（一九七九年）によって、人間の責任が、身の周りの実際にかかわりのある社会や他者に対してばかりではなく、自然や未来の社会、未来の人間にも及ぶことを難解な独特の哲学的議論を通じて明らかにした。このような新しい「責任」原理の確立によって、ヨナスは現代の地球環境問題を考えるうえできわめて重要な視点を提供したと言ってよい。ちなみに、ヨナスの哲学は、かれの出自であるユダヤ教やかれが学位論文で扱った「グノーシス主義」研究（世界を悪と見るグノーシス主義に対する批判的研究）からも理解することができると言われている。

技術が人間の行為の質を変えた

近代になって人間が求めたのは「正義」のような抽象的なものではなかった。人間が求めたのは、明日の生活を不安なくそして心配なく送れることであった。そのために人間が最も必要としたのは、確実な「欲望の充足」であった。だが、すべての人がそれぞれの欲望に応じてそれぞれの欲望を満足させるためには、莫大な量の生産物が必要であろう。そのためには、自然を人間に「もの」を提供する存在として、すなわち自然をはっきりと人間より下位にある人間の生活のための資源として位置づけることが必要であった。そのような自然観のもとで、自然からより多くの「もの」を取り出してくる優れものが、「技術」であった。近代の自然科学的知見に基づいて、自然を人間のものとなす道具が「近代科学技術」だったのである。（第1章3参照）したがって、近代科学技術は人間に欲望の充足と生活の豊かさをもたらしてくれるはずであった。しかしそれは周知のように、負の遺産を伴っていた。それが自然破壊であり、そこから生じる地球環境問題である（第1章は人間の自然支配は「客観的事実」ではないのに、むしろ「客観的事実と考えて自然に支配的に関わったことが、地球環境問題発生の原因であると考えている）。だが、ヨナスはその事態が持つ意味を、もう少し深いところで理解していた。

ヨナスは、産業革命以後の科学技術の発達によって、「人間の行為の質」が劇的に変化したと言う。技術は自然に働きかけ、自然からなにがしかのものを引き出す道具的なものである。技術それ自体はもともとそれ以上でもそれ以下でもない。だから、技術は決して善でも悪でもなかった。このように技術といっても近代初頭にはまだまだほんの些細なものであり、自然の秩序に変化を与えるほどの力は持っていなかった。しかし産業革命後の科学技術の発達が、人間と自然との力関係を大きく変えることになった。科学技術は自然全体に永続的損害を与えるほどの力を持つようになったのである。科学技術の発達は「人間の行為の質」を、自然を不可逆的に破壊してしまう強力なものに変えてしまった。この「人間の行為の質」の変化こそ、ヨナスが深いところで理解した近代科学技術の産物である。

人間の責任範囲の拡大

では、人間の行為の質的変化は、人間に何をもたらしたのだろうか。ヨナスによると、この変化は、人間の「責任」の範囲を空間的にも、時間的にも拡大することになる。

①　まず、責任の空間的拡大とは、地球全体が人間の責任対象になるということである。人間は科学技術によって地球全体を不可逆的に破壊する力を所有するに至ったのであるから、人間には自然を保護する義務が発生すると、ヨナスは考える。親が子を保護すべきであるように、力の強いものは弱いものを保護すべきなのである。また、それと同時に「われわれは自己識別が可能になった生命の末裔」（『責任という原理』一二九頁）として、人間はそれ自身自然的生命であるから、人間存在自身が自然に依存している。したがって、自然を破壊すれば人間を破壊することになるから、この点からも自然保護の義務が生じる（この観点において、自然中心主義者であるヨナスにも人間中心主義があると

言われることもある）。

② 次に、責任の時間的拡大とは、未来世代の生存が人間の責任対象になるということである（カントにおける世代間倫理の基礎付けについては第6章4、5参照。ヨナスは、カントがその際に使用する、「人類の人類自身に対する義務」といった道徳神学的構成を排除し、世代間倫理を純粋に生物学的な生殖行為の代償として理解している）。すなわち、巨大化した人間の行為は「累積的性格」を帯びるようになり、人間活動が現在存在していない人びとの生活に影響を与えることが明らかになったから、人間には新たに未来世代に対する義務が生じるのである。科学技術の発達は人間に未来を予見する能力も付与することになったのであるが、それは決して未来をクリアに見通すことができるという意味ではない。ヨナスによれば、積極的に何が善であるかは分からなくても、「こうなってほしくない」という否定的な仕方で未来を見通すこともできるのである。もとより、人間は全自然を知りかつ支配することなどできやしない。しかし、人間は自分の生存に関する未来情報について、現代の科学技術レベルを基にそれなりの予測を立てることができるのである。かれはこのような未来への接近法を「恐れに基づく発見術」と呼んでいる。未来世代に対する責任は、皮肉にも科学技術の発達による予見能力の向上と結びついているのである。

もともと倫理学が想定してきた道徳的対象は、人間を取り巻く小さな環境、すなわち「いま」と「ここ」に限定されていた。しかし、科学技術の発達に促されて人間の行為の質が変化し、倫理学は「いま」と「ここ」を超えた「全自然」と「全未来」に責任の対象として関わらざるをえなくなったと言ってよい。

ヨナスの目的論

ヨナスの未来への接近法は「恐れに基づく発見術」であった。「恐れ」とは決して積極的価値ではない。むしろ、「こうなりたくない」という消極的なものである。しかし、たとえそうであったとしても、そこには厳然と「こうなりたくない」（例えば「死にたくない」というような）という人間像がある。この「こうなりたくない」人間像は、おそらく「何が人間存在であるか」から生まれる。「人間存在」から、「あるべき」、あるいは「あるべきでない」人間像、すなわち「目的」が帰結するのである。しかし、ここでは「存在」と「価値」の問題に深入りせずに、少々長くなるが次のようなヨナスの目的観を挙げておきたい。

明白に主観的なものは、高度に発達した自然の表面現象ということを確認しておこう。だから、明白に主観的なものも自然に根ざしており、その本質は自然と連続している。つまり、主観性も自然も目的に参与している。われわれは、自己識別が可能となった生命の末裔である以上、生命という証拠は絶対に否認しない。その生命という証拠によって、目的はもともと自然に内在していたのだとわれわれは言おう。（同上）

ここに言う「主観性」とは人間精神のことである。この人間精神も、ヨナスによれば「高度に発達した自然の表面現象」にほかならない。ヨナスはここではっきりと精神と自然の一元論の立場を採っている。両者の一元性を表わす言葉が「生命」である。自然は生命を生み出し、生命は意識を生み出したのである。このような仕方で、自然にはもともと目的が「内在」していると、ヨナスは考える。このような目的論は、同じく一元論的立場に立ちつつも、目的を高度に発達した人間の大脳が生み出したものと考えたり、大脳の一つの機能と理解したりする科学的唯物論とは異なっている。ヨナスにおいては、自然それ自身が目的を有しているのである。マイヤー＝アービッヒもこの目的論を継承する。

2　ヨナスのユートピア批判

マルクス主義のユートピア

近代政治哲学の理念はすべての人が等しく欲望を充足している「普遍的同質国家」の実現であった。いってみれば、このような国家や社会が人類の「ユートピア」になった。このユートピア実現に大きな推進力を与えたのが、「知を自然征服へ向け、そして自然征服を人間の運命の改善へとつなげるベーコンの計画」（同上、二四八頁）であった。「知は力なり」という標語で表現されるこの計画に従って、人類は本来人間が住むことができなかった南極や宇宙空間でも生活できるほどに人類の資産を増やしていった。科学技術はそのように人間の運命を改善していった。だが、周知のように産業革命以後の資本主義の発展は、人間によって獲得された力自身が独走し始め、人間に制御できないものとなっていく過程でもあった。知識はもともと人間の制御できるものであり、人間生活の向上に役立つ限り有意義なものであった。しかし、知識は人間のためではなく、それ自身のためにより大きな力を求めて増殖し始める。このことを理解するには、核分裂の研究のことを想起すれば十分であろう。知識は人間や自然を守るだけではなく、それを否定する可能性をも孕んでいたのである。

このように高度化した資本主義が人間否定というその本質を露呈し始めるとき、世界は拠り所をマルクス主義に求め始めた。資本の独走を制御し、暴君と化した資本を打ち破ってくれる力が、マルクス主義に期待されたのである。だが、はたしてマルクス主義はこの期待に応えうるのか。『責任という原理』の後半は、このテーマの追求であると言ってよい。ヨナスはマルクス主義を次のように見ている。

マルクス主義のプログラムは、自然支配という素朴なベーコンの理想を社会の変革という理想に統合し、ここから最終的な人間のあり方を期待する。……マルクス主義はベーコンの革命の収穫物を人間の最高利益のコントロール下に置く。これによって人間の種全体としての増大というベーコン革命のもともとの約束を果たそうとする。（同上、二五二頁）

ヨナスの基本的なマルクス主義理解は、マルクス主義を「ベーコン革命の嫡子」(同上、二五四頁)と捉えるところに集約される。マルクス主義は科学技術の発達による生産力の増大と、社会主義革命による平等な分配システムの構築を通じて、人間が強制された労働から解放され、各人が必要に応じて物を享受できるユートピアが到来すると、終末論的に予言する。このようにユートピアは科学技術の発達による生産力の増大に基づいているのであるから、マルクス主義といえども、ベーコン革命の遂行者なのである。したがって、ベーコン革命を基盤にし、生産力の増大によってユートピアの実現を目指す点では、マルクス主義も資本主義も同一である。そうであるなら、どちらがベーコン革命を抑制するのに優れているかという問題になる。一見すると、革命によって平等な分配システム構築を目指すマルクス主義が優れているように見える。しかし、そうでなかったことは歴史が証明している。ヨナスはいずれに対してもきわめて懐疑的である。

地球は有限

資本主義であれ、マルクス主義であれ、人間が描くユートピアは、万人の需要を満たす「十分な物」とそれを手に入れる「容易さ」が実現されている状態である。マルクス主義は、このユートピアは「人間の労働からの解放」と軌を一にするという、一種の偽装工作を行なって、自らを善人に仕立て直す。(同上、三一七頁参照) しかし、マルクス主義であれ、資本主義であれ、自然を変容し、自然を人間の役に立つものに仕立て上げることに、「自然がどこまで耐えられるか」（同上、三二九頁）ということが最も重要な問題になる。

ヨナスは『責任という原理』で、地球を「限界をもった宇宙船」と形容している。ローマクラブの有名なレポート『成長の限界』は、すでに一九七二年に出版されているから、この表現はそこから採られたのであろう。しかし、マルクス主義も、資本主義も「無限の成長」を暗黙の前提にしている。したがって、もし成長に限界があるなら、それらのユートピア性はまったく否定されてしまう。ヨナスは食糧問題（人口問題、この時点ではまだ世界人口四十二億人であったが、現在は六十億人を超えている）、資源問題、エネルギー問題（化石エネルギー、太陽エネルギー、核エネルギー）、熱問題を、「自然がどこまでたえられるか」という観点から検討し、いずれの場合も限界が見えていることを指摘すると同時に、いくつかの不可逆的な過程がすでに始まっていることも報告している。このように自然の許容範囲に限界がある以上、すなわち地球が有限である以上、ユートピアは「厚かましい目標そのもの」（同上、三二九頁）である。

ユートピアの廃棄、成熟

自然に限界があるように、人間にも限界がある。そうであるのにユートピアを追い求めるとすれば、それは人間の傲慢である。ヨナスは傲慢を抑制するための「慎慮」（Vorsicht）を「勇気」ある徳として薦める。（同上、三二七頁参照）ユートピアを実現するには、アメリカのように強い国でなければならない。だから、アメリカなどのような強い国に「慎慮」が求められる（一九七〇年代ではそうであるが、いまや中国などの発展途上国にも同じものが求められよう）。ヨナスによれば、ユートピアは「慎慮」を妨害するものである。慎慮とは立ち止まり、自分を反省し、自分のなすべきことを熟慮することである。しかし、未来の夢を語るユートピアは人間を幻惑し、「もっと多くという方向」（同上、二七九頁）へしか人間を導かない。ユートピアは夢を実現するために「もっと成長を」と駆り立てる。しかし、ヨナスによれば、現代では「成長より縮小」を選択すべきなのである。この選択を妨害するユートピアは現代では「危険」でしかない。このように危険なユートピアを、人間には絶対に手の届かない「青臭い夢想」として「あきらめる」ことが、いま強く求められている。ヨナスによれば夢を「あきらめる」ことが、「成熟」（Reife）である。

責　任

ユートピアは「希望」を原理にしている。そもそも、人は何かを実現したい（希望）から行為する。このように、希望はたしかに行為の源である。しかも、ユートピアは希望をユートピアへと促し、それを鼓舞する。だが、ユートピアを廃棄しなければならない「成熟した現代人」にとって、「希望」は生の原理となりえない。それでは、われわれは何を生の原理とすべきなのか。ヨナスは、それが「責任」であると考える。では、「責任」はどこから生まれるのか。それは先述したように「恐れ」である。ここで、ヨナスの「現代の状況把握」を確認しておこう。

善がわれわれの視界で曖昧になってしまった時はどうだろう。そして善が、予想される新手の害悪に脅かされて、やっとあらためてはっきりとされなければならない時はどうだろう。その時は害悪の観念のほうが、より多く必要になる。われわれは、今日、こうした情勢にあると思われる。

（同上、三八七頁）

自然科学的知識の増大は、未来予測をある程度可能にした。もはや、その知見はわれわれが未来にこれまでのような希望を抱くことを拒絶する。そして、その知見は逆にわれわれに未来の害悪を予測する。こういうとき、たとえユートピアが真実から目を逸らすように促したとしても、われわれは害悪から目を離さず、それを凝視し続けなければならない。そこに生じるのが「恐れ」であり「おののき」である。われわれは「恐れ」と「おののき」という謙虚な態度で、「責任」という翼を振って未来に立ち向かわなければならない。このように謙虚な、しかし真に勇気ある生き方こそ、破滅の予兆のなかでハンス・ヨナスがわれわれに与えた「生き方」である。

〔参考文献〕

加藤尚武『環境倫理学のすすめ』（丸善、一九九一年）
福原麟太郎責任編集『ベーコン』〈中公バックス　世界の名著25〉（中央公論社、一九七九年）

シュレーダー＝フレチェット編、京都生命倫理研究会訳『環境の倫理』（上・下）（晃洋書房、一九九三年）
E・フロム、日高六郎訳『自由からの逃走』（東京創元社、一九六五年）
K・マルクス、城塚登・田中吉六訳『経済学・哲学草稿』〈岩波文庫〉（岩波書店、一九六四年）
K・マルクス／F・エンゲルス、大内兵衛訳『空想より科学へ』〈岩波文庫〉（岩波書店、一九四六年）
山内廣隆『環境の倫理学』（丸善、二〇〇三年）
H・ヨナス、加藤尚武監訳『責任という原理』（東信堂、二〇〇〇年）
H・ヨナス、宇佐美公生・滝口清栄訳『主観性の復権』（東信堂、二〇〇〇年）

第10章　マイヤー＝アービッヒの環境倫理

ハンス・ヨナスの遺言の書とも言われる『責任という原理』の精神を引き継ぎさらに発展させたのは、ほかでもないマイヤー＝アービッヒ（以下ではアービッヒと簡略化する）その人である。ここでは、アービッヒの思想が最も分かりやすくしかも的確に表現されている『自然との和解への道』（上・下）みすず書房、二〇〇五－〇六年、原著は一九八四年出版）を通じて、アービッヒの環境思想を紹介したい。なお、アービッヒの環境思想が持つ基本的考え方は、ドイツ社会民主党（ＳＰＤ）に採用され、ドイツの現実の環境政策に生かされている。この事実にアービッヒ環境倫理の現代的意義が凝縮されている。

1　アービッヒの基本思想

共世界

「共世界」(Mitwelt) という語は、アービッヒの環境思想を正確に表現しているキーワードである。翻訳書の上巻で百十三頁、下巻で七十八頁にわたって頻出し、全体で言えば全五百頁のうちの約二百頁に登場するキーワードである。この語はアービッヒが「日本語版への序文」で述べているように、ドイツの文豪ゲーテに由来する言葉である。

「共世界」がいかなる意味を持っているかを明らかにするためには、その対立語と比較すればいい。その対立語とは、「共人間」(Mitmensch) と「環境」(Umwelt) である。「共人間」とは、人間だけで形成する人間社会を表わす言葉であり、そこに共に住まうのは人間だけであることを表現している。したがって、「共人間」では、人間および人間が作る社会だけが存在し「自然」は存在しないか、あるいは取るに足らない存在でしかない。次に、「環境」と翻訳される Umwelt の意味は、um (周り) の意味を考えればすぐ分かる。つまり、「環境」とは、人間の周りを取り囲んでいる社会環境や、自然環境という意味である。したがって、そこでは人間が世界の中心に座っている。例えば、経済学者にとっては人間以外の世界は、「一そろいの資源」として人間の周りにあるが、「環境」とはこのように人間を世界の中心に置く「人間中心主義」を表わす言葉である。そして「共人間」もその点では同一である。

これに対して、「共世界」は人間と自然が「共に」（ドイツ語では mit であり、英語では with）存在している世界を表わしている。アービッヒのテキストでは「共世界」は、ほとんどの場合「自然的共世界」（natürliche Mitwelt）として使用されるが、これは人間が自然と一つになっている世界、人間が自然の一部となっている世界を表現している。この意味で、「共世界」は自然中心主義としてのアービッヒの思想を表わしている。

自然としての人間

アービッヒは、人間を「自然に所属するもの」（Naturgehörigkeit）と考える。そして、実践的自然哲学はここを出発点にすべきであると主張する。（『自然との和解への道』上一六五頁参照）それなら、意識的精神活動を行なうわれわれといえども、自然の事物と同じものなのだろうか。そうである。しかし前章で、ヨナスは人間精神を「高度に発達した自然の表面現象」と捉えていた。人間のそうした在り方に、自然の他の事物と同一でありながらも、そうではない人間の在り方を見ていた。すなわち、ヨナスは人間精神に、それ自身が自然である、自然の目的の最先端という評価を与えていた。アービッヒはどうなのか。

アービッヒも人間は自然史的には他の生物と一つであるが、「特殊なもの」でもあると考える。その特殊さとは人間が持つ「言語能力」に由来する。この能力は「獲得形質の遺伝（伝承）能力」（同上、上一七〇頁）である。しかも、それは言葉としての言語だけではなく、広い意味でのコミュニケーション（絵画、彫刻、音楽等）能力を含んでいる。人間が持つこの能力によって、自然史はとてつもない文化的発展に突き進むことになる。そのような能力を持った人間の実践形態を、アービッヒは四つに類型化する。「1. われわれは認識的ないし変革的に自然にかかわる。2. われわれは自然の一部である。3. われわれは自然にかかわることによってわれわれ自身にかかわる。4. こうしてわれわれは自然をわれわれ自身の自然として経験する」（同上、上一七〇頁）。ここでは人間の自然へのかかわりが、結局は人間の自己関係として経験されるプロセスが語られている。だがアービッヒによれば、それは同時に自然が自己自身に至るプロセスであり、自然の自己関係の産出でもある。

自然は人間において自己関係にいたるし、同じく人間は自然において自己関係にいたる。自然を言語化し、そして自己にいたらしめることが、地上にある数百万の動物種や植物種のなかでとくに人間に与えられた課題である。（同上、上一七一頁）

また、このことはゲーテ的に「宇宙が自己自身を人間において体験するなら、宇宙はまさしくどっと歓声をあげるだろう」（同上、上一七二頁）と表現される。以上が「特殊なもの」としての人間の在り方である。この考えは、人間精神を「高度に発達した自然の表面現象」と捉えるヨナスの考えを明らかに踏襲している。

人間の自然支配の根拠として、よく取り上げられるのが『旧約聖書』「創世記」の創造の場面である。そこでは人間だけが創造者である神の似像である。神の似像ではない動物や植物や風土などの自然は、人間の支配に委ねられる。こうした人間中心主義は自然の管理者としての人間の地位を捏造し、そこから人間の自然に対する「責任」を導き出したりする。だが、アービッヒはこのような「特権的地位」を人間に与えない。かれはそのような人間の地位はユダヤ教による「歪曲」であると考える。（同上、上四頁参照）このような「特権的地位」を与えられた人間は、明らかに自然とは異なるものである。それに対して、アービッヒの「特殊なもの」としての人間は、あくまでも自然の一部である。

これまで述べてきた、自然の一部でありつつ、「特殊なもの」である人間と自然の関係は次の文章に的確に表現されている。

> 自然はわれわれにおいて自己自身の意識にいたり、そうして自己へいたるというように、自然はまったく特殊な仕方で現実的となるのである。……自然がわれわれにおいて言語化され、こうして自己へいたるということをつうじて、われわれは生命に参加するのである。（同上、上一七五頁）

ここで注目しなければならないのは、こうした自然と人間の関係を、アービッヒが「自然が人間においてもっている自由の機会」（同上）と捉えていることである。近代の機械論的自然観では、自然は必然的法則に支配されている存在であった。しかし、アービッヒの環境倫理は、自然を自由の相のもとに捉えることになる。

自由

アービッヒは、カント哲学を「自然からの自由の救出の試み」と理解する。カントは世界を感性界（自然）と叡智界に二分し、それに応じて人間を経験的性格と叡知的性格に峻別する。前者は必然が、後者は自由がその徴表である。カントが文字通りこのように理解される限り、ヨナスもアービッヒもカントとの接点を持たない。しかし、アービッヒは両世界の峻別ではなく、両世界の関係に着目する。そして、カントが『純粋理性批判』で「人間の経験的性格は人間の叡智的性格の感性的図式」（同上、上一五五頁）であることを暗示していると指摘する。だが、アービッヒはこのようにカントを評価しながらも、カント自身はこの立場を貫徹えなかったことも認識している。例えば、われわれは感性界においては自然因果性に捕われているが、行為においてこれを否定する。カントにおいては、この否定する働きのうちに自由（自律）がある。とするなら、必然（自然）は自由の前提ということになる。カントはこのように自然を自由との関連のもとで思惟したのである。だがそれによって、カントは逆に自由を自然の否定として際立たせ、自然の上位へと引き上げたのである。このようにしてカントは、自然から自由を救出した。

カントは人間理性にだけ自由を認めた。その意味で、カントはやはり人間中心主義者である。それに対して、アービッヒは次のように自然にも自由を認める。

自然から自由を救出することは……（カントの道とは異なる）別の逃げ道があり、それは自然をも自由の規定のもとに思惟することである。スピノザは、自分自身の本性の必然性にもとづいて現存することこそが自由であると語る。私はこの道を正しい道とみなすし、また環境危機においてどうしても必要であると思う。（同上）

自然を自由の規定のもとで考えたのは、スピノザ（Baruch de Spinoza, 1632 - 1677）である。スピノザの自由は、自律の自由ではなく、存在するものが「その本性の必然性に基づいて存在すること」である。少し先取り的に言えば、こうした自由を自然的共世界に認めることが、「自然との和解の根本思想」（同上、上一五九頁）である。（カントの目的論については、第6章**3**を参照）

存在する中心から働く中心へ

カントに代表される近代の人間中心主義は、人間を世界の中心に置いた。ここに存在する主観‐客観図式を使って、自然を主観に対立する固定的存在として扱うのが古典的物理学である。アービッヒはニールス・ボーア（Niels Henrik David Bohr, 1885 - 1962）の量子論の立場から、古典的物理学の欠点を「自然の一部分［人間］が認識をつうじて全体にかかわっているということについては何も知らない」（同上、上一五六頁）と批判している。全体は、人間中心主義の哲学や古典的物理学が主張するような、認識や行為の対象全体ではなく、認識主体、行為主体（活動するもの）を含んだ全体でなければならない。そうすると、全体の中心はいたるところに存在することになる。中心がいたるところに存在するということは、全体が中心であるということである。このような全体論の立場に立つのがスピノザの哲学である。アービッヒはカント哲学の現代的可能性を認めながらも、彼自身の全体論的自然中心主義の立場を、スピノザなどのいわゆる同一哲学に基づいて基礎づける（第7章参照）。

スピノザによると、全体は一方で「場所的特殊性をもつすべての被造物の総量」（所産的自然）であり、他方で「被造物のなかで生きて働いている力」（能産的自然）である。「生きて働く力」は、全体に遍在している。こうした全体のなかで働いている神の力が「一なる自然」である。いまや、新しい物理学が告知しているように、世界の中心は「存在する中心」から「働く中心」へと転回すべきである。創造する力（能産的自然）が世界のあらゆるところで働いている。全体が一つの力の現われであり、一つの力が全体のなかで働いている。人間もそのなかの一つであるが、「知性」を持った存在として生きている。そしてこの全体のなかで、個々の存在が「その本性に従って存在する」ところに自由がある。こうした自由観を基に人間に求められるのが「自然との和解」である。（同上、上一五八以下参照）

2　自然との和解

自然との和解

「自然との和解」は「共世界」と並ぶ、アービッヒ環境倫理のキーワードである。この言葉はF・ベーコンに起源を持っている。ベーコンは『新機関』で人間の名誉欲を三段階に分ける。①自国内の支配、②自国外の支配、③自然の支配である。このなかで第三段階の「自然の支配」が最も高貴な名誉欲とされる。ベーコンが構想した自然に対する権力掌握は、周知のように科学と技術によって可能になる。ベーコンは科学と技術による自然支配に、科学技術の「世界史的意義」を見出していた。(同上、上二三五頁以下参照）こうした「自然支配」構想に対するアンチ・テーゼとして提起されたのが「自然との和解」なのである。アービッヒによれば、自然支配は「人間の本性に反した生き方」である。これに対して、「自然との和解」は「人間の本性に従った生き方」とされる。

近代法治国家から自然的法共同体へ――未来の政治

①アービッヒは「自然との和解」を学者として単に理論上だけで主張しているのではない。かれはそれを人間の自然支配の過程で引き起こされた地球環境問題を実際に「解決」するための、最も基本的指標として主張しているのである。「自然との和解」はソリューションの言葉でもある。ところで、「和解」(Frieden) とは「いつでも存在する争いが暴力的に決着をつけられるのではない政治的秩序」(同上) である。「自然との和解」は、自然と人間との同一性という存在論、そうした構造に基づいて自然に和解的に関わる行為を善とする倫理学、そして新しい政治哲学の理念という三

つの意味を持っている。先述したベーコンの名誉欲三段階の第一段階は、国内支配である。歴史上の絶対主義は国内を暴力的に支配する政治体制であったと、アービッヒは捉える。近代法治国家は、こうした政治体制である絶対王政を打ち倒して登場する。絶対王政が力による国内支配であったのに対して、近代法治国家は「法」による支配を打ち立てた。アービッヒによると「自然との和解の根本条件は、対立的利害が暴力的に主張されない」（同上）ということである。第一段階においては、力による暴力的支配から法による平和的支配へと進展した。それでは、第二段階はさておき、第三段階の自然支配は現在いかなる状態にあるのだろうか。

現在、自然の支配は暴力的に行なわれている。その証拠が地球環境問題である。アービッヒの構想によれば、第三段階でも第一段階で起きたことが生じなければならない。つまり、絶対王政から法治国家への移行が、第三段階でも起こらなければならないのである。

自然との和解は、人類の自然的共世界にたいするかかわりが、人類を超える自然的共同体においては、憲法にしたがって規制されるということを意味している。（同上、二四〇頁）

ひとつの国家が「自然との和解」を基軸にして運営されるとき、その国家は自然的法共同体である。アービッヒによると、そのような共同体は、これまでの人間中心主義的政治が「全体に対する責任に」よって制限されている」社会である。アービッヒにあっては、「全体に対する責任」は、人類が「自然的生命共同体」の一員であるという自然中心主義的人間像から帰結するのであって、決して人類だけの繁栄という人間中心主義的人間像から結果するものではない。この「責任」が、人間中心主義的政治を制限するという仕方で、憲法に明文化法制化され、現実に運用されている社会が「自然的法共同体」である。こうした「自然的法共同体」への移行が、第三段階における絶対主義から法治国家への移行である。もちろん、自然的法共同体実現の基礎が「自然との和解」であることは言うまでもない。

②アービッヒは「自然との和解」や、「自然的法共同体」という構想を空想的にこしらえたのではない。この構想の背景になっているのは、一九七〇年代の西ドイツ環境政策の失敗である。アービッヒは七〇年代の環境政策の失敗を、「自然との和解」、すなわち自然中心主義が、絶望的に過小評価されていたところに見ている。アービッヒによると、七〇年代の環境政策は、自然中心主義ではなく人間中心主義によって基礎づけられ、したがって環境保護も「社会福祉国家原理」から人間中心主義的に展開された。(同上、上一一三頁参照)

アービッヒは『自然との和解への道』上第三章で、ハルトコプフとボーネによって推進された七〇年代西ドイツ環境政策、およびその政策の基礎になったドイツ「基本法」、さらには「連邦自然保護法」、「連邦イミシオーン保護法」などの諸環境保護法を、悲しいくらい人間中心主義に立つものとして厳しく批判している。アービッヒはこのような立場に立った環境政策を、利害関係の調節を主として行なう「最小限の倫理」(同上、上二四三頁)に基づくものとして一蹴する。かくて、自然中心主義に立って全政策が変更されなければならないのであるが、そのためには新しい政策の基盤となる憲法がなければならないであろう。憲法や法律を自然中心主義的に変えていくことが、自然的法共同体への一歩である。

アービッヒは『自然との和解』のなかで、自然中心主義的環境政策のために、次のような具体的提案を行なっている。ドイツ基本法第二〇条は「国家秩序の基礎、抵抗権」を語っている条文であるが、この条文に「人間への特別な関連なしに」、「自然的生活基盤は国家の特別な保護の下にある」を付け加えるべきである、というのである。この提案はリオ・サミット後の一九九四年に「国は、将来の世代に対する責任からも憲法的秩序の枠内で、立法により、ならびに法律および法に基づく執行権および司法により、自然的な生活基盤を保護する。」(第20 a条) によって具現化され、この条文に基づきドイツの環境政策が行なわれることになる。(同上、上一一三頁) だが、アービッヒにとってこの条文が、「人間への特別な関連なしに」=「非人間中心的に」=「自然中心的に」付加されたものであるかどうかは、はなはだ怪しいものであろう。なぜなら、この付加された条文は、アービッヒの「倫理学における考慮の八形式」(同上、上四三頁) の五番目にあたる人間中心主義的世界像を基本にしているからである。とはいえ、理想的ではないにしても着実に自然的法共同体に近づいていくドイツ的実践は、地球環境問題解決に向かう確かな一歩となろう。私には、この方向性はグローバルな世界にも十分通用すると考えている。

『自然との和解への道』の副題は、「環境政策のための実践的自然哲学」である。アービッヒによると、哲学者は古代ギリシア以来公共的なものに関わる存在であった。自然的法共同体の建設は、われわれにとっても優れた政治的実践となるだろう。

〔参考文献〕

加藤尚武『新環境倫理学のすすめ』（丸善、二〇〇五年）

I・カント、篠田英雄訳『純粋理性批判』（上・中・下）〈岩波文庫〉（岩波書店、一九六一年）

L・ジープほか、山内廣隆・松井富美男編訳『ドイツ応用倫理学の現在』（ナカニシヤ出版、二〇〇二年）

L・ジープ、広島大学応用倫理学プロジェクト研究センター訳、訳者代表山内廣隆『ジープ応用倫理学』（丸善、二〇〇七年）

B・スピノザ、畠中尚志訳『エチカ』（上・下）〈岩波文庫〉（岩波書店、一九五一年）

F・ベーコン、桂寿一訳『ノヴム・オルガヌム（新機関）』〈岩波文庫〉（岩波書店、一九七八年）

N・ボーア、山本義隆編訳『ニールス・ボーア論文集1　因果性と相補性』〈岩波文庫〉（岩波書店、一九九九年）

K・マイヤー＝アービッヒ、山内廣隆訳『自然との和解への道』（上・下）（みすず書房、二〇〇五－〇六年）

山内廣隆『環境の倫理学』（丸善、二〇〇三年）

第11章　ジープの具体倫理学

ルートヴィヒ・ジープ（Ludwig Siep, 1942 - ）は、現代ドイツにおける、いわゆる環境倫理学および生命倫理学をリードしてきた倫理学者であり、哲学者である。ジープは、一九八〇年代に、自ら教鞭をとるミュンスター大学における医学部の医療倫理委員会メンバーとして遺伝子工学に関する非常に現実的で具体的な問題に取り組んで以来、生命と環境について実に豊富な発言と論文を公表してきた。かれの発言の重要さが増すにつれ、その倫理学全体の詳細で体系的な展開が、いっそう待望されてきた。そして、ついに、その全貌を示す具体倫理学（Konkrete Ethik）が二〇〇四年にドイツで出され、二〇〇七年にその日本語訳が刊行された（『ジープ応用倫理学』丸善）。本章では、その具体倫理学の内容と方法を吟味する。

1　具体倫理学が目指すもの

新たな基準の具体化

応用ということばは、一般的に言えば、原理や法則といった普遍的なものを現実の個別的事象に適用し、その利用拡大を図るという意味を持っている。しかし、具体倫理学は、そういった意味での応用は不可能だと考える。というのも、今日において、人間をとりまく生命や自然に関する現実の問題は、それまで倫理学が考究してきたあらゆる普遍的原理の蓄積をもってしても立ちゆかない、そうした前代未聞の難問を突きつけているからである。だから、日常のど真ん中で発せられる問題が従来の基準を越えたものである以上、それに対処しようとする具体倫理学は、おのずと、新たな基準を具体化しなくてはならないことになる。

例えば、自然物の権利裁判で名高い「ムツゴロウ裁判」は、これまでの倫理学の枠組みそのものを突き破る、そうした根本的な問いを孕んでいると言いうる。周知のように、「ムツゴロウ裁判」は、諫早湾の干拓事業の不当性を訴えて一九九六年七月にムツゴロウが原告となって提訴した裁判である。その主要な争点となったのは、言うまでもなく、ムツゴロウ等の「自然物原告の当事者能力」、つまり原告適格性にほかならない。その第一審判決が二〇〇五年三月に長崎地裁で下されたが、その内容は原告の訴えの却下であった。すなわち、当該裁判所の判断は、「自然物に当事者能力を認める現行法上の規定がない」以上、「自然物原告らに当事者能力は認められない」というものであった。

　こうした裁判所の判断は一見すると「常識的」だと言えそうだが、その争点の根っこは思いのほか重い。もともと、倫理学は人間の間のつきあいをめぐる普遍的法則ないし命令を究明するものであったと言えるが、その前提となっていたものは、ことばによるコミュニケーション可能な人格的同一性であった。倫理学を基礎として構成された法体系もまた同様の前提を持つものである。だから、人権の拡大、例えば奴隷解放や性差別撤廃といった一連の流れもまた、同様の人格的同一性を前提として初めて可能となったものである。すなわち、権利とは人間のものだったのである。ところが、かの「ムツゴロウ裁判」は、こうした前提そのものに対してその妥当性を問いただす。同じくまた、翻って、従来人間にのみ通用してきた権利の概念を人間以外の自然物にまで拡大すべきとすればその根拠は何かということもまた問われる。いずれの場合も、前提の当否を根拠づける、そうした新しい基準が争点となっているのである。

　以上の例からも分かるように、具体倫理学は、原理の応用ではなく、善し悪しを応分に理由づける新たな基準の具体化を目指す。

具体化と経験

　具体化は抽象化と反対のことばであるが、だからといって、抽象化をいっさい行なわないということではない。例えば、（のちにふれることになる）「善き世界」は具体倫理学がその出発点に置く根本概念であるが、これはたしかに抽象的な普遍概念と言わざるをえないであろう。けれども、その場合の眼目は、常にすでに、善や当為といった経験の世界で理解可能な概念によって「善き世界」の根本特徴が具体化されなくてはならない、ということである。言い換えれば、根本概念は、経験から独立したアプリオリな概念として君臨しているのではなく、たえず経験のなかで比較考量され、それによって評価されなくてはならない。だから、こうした評価を離れた〈善き世界〉は、それ自体理解不能という点で、無意味であるのに対し、経験を濾過して具体化された「善き世界」は、逆に、経験世界の善き導きとしての役割をも担いうるものとなる。

この意味で、具体倫理学は、現実の経験世界が持っている具体的特徴と向き合うものであって、観念的領域におけるアプリオリな概念（経験に依存しないまったく純粋な概念）や価値を問題としているのではない。だから、具体化という、この倫理学の特性を表わすことばは、経験を対象とすることによって、経験の果たす役割を吟味し、応分に見定めることを含意しているのである。

いわゆる応用倫理学との異同

ジープは、自らの具体倫理学を、その対象領域と方法という点で、いわゆる応用倫理学との異同を示している。

具体倫理学が経験という現実世界に直結し、そのなかで提起されている諸問題に取り組むものであるかぎり、その対象領域という点で、応用倫理学といわれる領域（環境倫理学、生命倫理学、メディア倫理学等）と重なっている。けれども、応用倫理学が普遍的な倫理原理の応用を目指すものであるかぎり、その方法という点で、具体倫理学とは根本的に異なる。すでにふれたように、具体倫理学は応用ないし演繹的方法を採用するものではないからである。

むろん、応用倫理学の方で、自らの依拠する立場を「原理の応用」としてではなく、「前例のない事例」に対処するために、むしろ、原理とその応用という理解の浅薄さを暴露するものとして提示するならば、そうした応用倫理学と具体倫理学との距離はやや縮まってくる、と言いうる（広島大学応用倫理学プロジェクト研究センター編『ぷらくしす（Praxis）』第八号、二〇〇七年）。

2　価値と評価

倫理的に「善い」ということ

日常生活のなかで使われる「善い」ということは、さしあたり、「肯定的価値」そして「努力する価値」を持ったものとして理解されていると言いうる。「肯定的価値」とは、あるものに同意し、それを認めるにふさわしいもの、それだけの値打ちのあるものと見なすという意味であり、「努力する価値」とは、あるものが求めるに値し、たとえ骨が折れるとしても、それだけの値打ちのあるものだという意味である。だから、ジープが挙げるアリストテレスの説明によれば、すべての人間は善なるものへと努力する、とさえ言いうる。

むろん、人間以外の存在も、それらが現実のなかで生存するためには、なにかを求め必要とするのであるから、そのかぎり、人間以外の存在にとっても善いものがあるし、また、なくてはならない。

さらに、倫理的な意味で「善い」ということは、「真に」善いを意味している。真に善いとは、それがある誰かにとって、あるいはある集団にとって善いように思われるのではなく、「普遍的で包括的なパースペクティブにおいて」善くある、ということである。

以上をふまえて、ジープは、「善い」の定義を以下のように示す。

> それだけで、かつ／あるいは、総体との連関において、現実に是認し、かつ／あるいは、努力する価値があるもの（『ジープ応用倫理学』丸善、一八、四九頁。ただし、訳語は若干変えて引用した。）

この定義における「それだけで」というのは、〈それ自身にとって〉という意味で、例えば〈人間にとって〉という意味ではない。この点で、ジープは、人間の観点からだけで善いものとそうでないものを分ける、そうした人間中心主義をとらない。そして、「総体との連関において」という表現における「総体」とは、ジープのタームでいえば「善き世界」である。この「善き世界」との連関のもとで、おのおのがその固有性において善いという価値を担うのである。

価値投射主義の批判

価値投射主義というのは、人間が値打ちのあるものとして認めたものだけを価値として捉える、そうした人間中心主義に共通する立場である。けれども、そもそも、人類は、気の遠くなるような永い地球史において、ずっと後になってから、しかも偶然に誕生したのである。そのかぎり、「世界が人間のためだけに存在している」などと見なすべき理由はなにもない。さらに言えば、評価する人間が登場する以前に、さまざまな価値関係は存在している。例えば、ディノサウルスの絶滅は特定の植物にとっては善いことであったが、それは「百万年後」になってようやく認識されたのである。

だから、価値は、人間が投射するものではなく、比較考量し見積もるなかで、「発見し、出会うもの」である。このような意味での価値の総体を、ジープは、「善き世界」と呼ぶ。「善き世界」は、ギリシア的伝統から言えば「コスモス」であり、ユダヤ－キリスト教的伝統から言えば「創造」つまり神による創造の秩序である。この「善き世界」は、個人の恣意的な所産ではなく、「歴史的に成立した価値」である。歴史的に成立したものは実在的である。というのも、実在的とは、まさに、「世界を織りなすもの」にほかならないからである。

客観的で実在的な価値

客観的で実在的な価値は、だから、応分に評価され記述されなくてはならない。なんといっても、包括的価値像としての「善き世界」は、われわれだけの世界ではないが、われわれがそこにおいて生き出会い経験する世界である。だから、そこに単純な価値の二分法を持ちこむことは妥当とは言えない。その場合の二分法というのは、一方に没価値的で客観的世界を評価する存在者との連関を欠いているものとして立て、他方に主観的な価値評価する存在者を立てるやり方である。これが妥当でないというのは、もともと評価する存在者自身がこの世界の一部なのであって、そうした存在者とそのパースペクティヴを除外することは本来有しているはずの連関性を度外視することだからである。そしてなによりも、価値あるものは、それが価値あるものと見なされたがゆえに価値を持つのではなく、具体的現実における行為を通して比較考量され、価値あるものとして見出され経験されることによって初めてそのようなものとして評価されるからである。この意味で、価値そのものが、評価する存在者と評価される対象との連関性に依存しているのである。

だから、「善き世界」は、その評価的記述によって説明される。「善き世界」を評価的に記述することは、価値投射主義や価値アプリオリ主義（価値を経験に依存しないものとして捉える立場）の抽象化とは反対に、その根本特徴を具体化することである。

3　具体倫理学のホーリズムは総連関主義である

ホーリズムは「全体主義（totalism）」ではない

具体倫理学はホーリズム（holism）の立場をとる。より詳しく言えば、人間とそれ以外の存在を

「善き世界」という価値総体との連関において応分に位置づけようとするホーリズムである。だから、このホーリズムは、個人の尊厳と自由を全否定する「全体主義（totalism）」ではない（かつてアーレントがその著『全体主義の起源』で鮮やかに論じたように、全体主義の歴史的典型として挙げられるのは、ヒトラーによるファシスト独裁政治やスターリン体制の一党独裁政治であった）。

このように、具体倫理学のホーリズムは、個人の自由を最大限に尊重する。けれども、むろん、無制限なものとしてではなく、あくまでも「世界を織りなすもの」の一部として、個人の自由を尊重する（人間以外の存在との関連は次章で扱うので、ここでは、便宜上、個人との関連を扱う）。

このホーリズムの観点から言えば、いわば野放図の「自由」などは認められるものではない。ジープが挙げる例を援用して言えば、私にマイカーがあるとする。その場合、私は、そのマイカーを大切に扱うことも、逆に、メチャクチャに破壊することも可能である。私がマイカーを破壊することは「ローマ法的な解釈」によっても保証されているとさえ言いうる。けれども、それにもかかわらず、そのように破壊されたマイカーを、私はどこにでも勝手に投棄することはできない。私は、破壊されたマイカーにふさわしいスクラップ工場に行って、必要な代金を払わなくてはならないであろう。なぜなら、私の破壊する「自由」そのものもまた、常にすでに特定の社会、例えばリサイクルを推進する循環型社会のなかに「織りなされたもの」として、一定の連関のなかでしか成り立たないからである。このように、例えば「自動車リサイクル法」が総体の合意を経て成立したものであるかぎり、私の「自由」もまたそれに従わざるをえない。

たしかに、たとえ合意形成という民主主義的な手続きを経たとしても、個人の犠牲がすべてなくなるというわけでもない。例えば、ジープが挙げる国際条約に関する事例で言えば、「国際捕鯨委員会(IWC)」は、国際捕鯨取締条約に基づいて、一九八六年から「商業捕鯨モラトリアム」を開始した。これは、むろん、所定の合意手続きを経て成立したものであるが、その決定によって、日本の漁師は制限を受けたのであり、実際、多大な犠牲を強いられたのである（ただし、ここで、環境保護を優先する一つの合意が他を犠牲にするという構造を、即「環境全体主義」と言って批判することは、度を超えた飛躍である。連関性の総体としてのホーリズムの観点から言えば、「環境全体主義」といういわば「レッド・カード」を振りかざすことはかえって吟味・評価の道を閉ざすことになり、したがって、問題の本質から後退することになるからである）。けれども、ここで看過してはならない問題は、個人（いまの国際条約に関する事例で言えば国家）の犠牲・損失が民主主義に則り公正な手続きでなされているかどうか、である。公正な手続きが確保されているかぎり、犠牲を補填する回路も残されていることになる（実際、商業捕鯨の問題に関しても、新たな動きが出てきている）。

それゆえ、焦点とすべきことは、民主主義の手続きという普遍的なものを抽象化し、それを玉座に据えることではなく、絶えずより善いものへとそのつど具体化することである。言い換えれば、民主主義の手続きをアプリオリな概念として祭り上げることではなく、経験を生きる個人（あるいは国家）の参画を通してより善きものの意味決定を遂行する、そうしたプロセスなのである。

総連関主義としてのホーリズム

なるほど、具体倫理学は、「善き世界」という価値総体を自らの出発点とする、そうしたホーリズムである。けれども、「善き世界」は、所与の前提としての「不動の実体」といったものではない。なんといっても、「善き世界」は「われわれがそこで生きる世界」であり、個々人の経験、とりわけ歴史的経験が根本的役割を演ずる世界である。

たしかに、個々人は、常にすでに「善き世界」の一部である。そうした総連関性としての「善き世界」における一定点として、初めて自らの位置を確保する。だから、個々人は、このような配置を見損なうわけにはいかない。けれども、そのような連関性を確認することは、「善き世界」とのもう一つ固有な連関性を浮き彫りにすることでもある。

むろん、「善き世界」と個々人の連関性といっても、個々人がじかに「善き世界」と対峙し、これと直結しているわけではない。むしろ、個々人は、（天上の世界という意味で）彼岸にあるのではなく、此岸にあるこの「善き世界」のなかで比較考量し評価する、そうした具体的経験のなかでさまざまな連関性を織りなす。連関性の総体としての「善き世界」は、そうした個々人の織りなす連関性に連関しているのである。このようなホーリズム（総連関主義）の観点から言えば、個々人もまた「善き世界」という総連関性に則りなにが善くてなにが悪いのかを比較考量し評価するのであり、それによって、「善き世界」の価値決定に参画するのである。

この点で、ジープのホーリズムは、連関性をどこまでも連関性において捉える、そうした総連関主義にほかならない。

〔参考文献〕

R・F・ナッシュ『自然の権利——環境倫理の文明史』〈ちくま学芸文庫〉（筑摩書房、一九九九年）
広島大学応用倫理学プロジェクト研究センター編『ぷらくしす（Praxis）』（第八号、二〇〇七年）
高田純『環境思想を問う』（青木書店、二〇〇三年）
H・アーレント『全体主義の起原』（1－3）（みすず書房、新装版二〇〇四年、二〇〇三年、二〇〇五年）
木村博「インタヴュー：ジープ教授にコスモス倫理学の可能性を問う」、『長崎総合科学大学紀要』（第四二巻、第一・二合併号、二〇〇一年）
L・ジープほか『ドイツ応用倫理学の現在』（ナカニシヤ出版、二〇〇二年）

第12章　より狭義の具体倫理学としての自然倫理学

ジープが具体倫理学という構想に至る過程で、一つの節目となっていたものが「コスモス倫理学」であった。ジープは、生命倫理学や環境倫理学をコスモス倫理学によって基礎づけようとしたのである。むろん、この段階においてもすでに、純粋に人間の間だけの、あるいは相互人格的な倫理学ではもはや立ちゆかないという認識はあったのであり、だからこそ、人間と人間以外の存在者とを包括するような秩序としてのコスモスを構想していた。それゆえ、自然概念をコスモスとして捉えるとしても、それはあくまでも規範的な理解なのであり、自然主義の立場を示すものではない。けれども、コスモス倫理学から具体倫理学への展開において顕著になった点は、そうしたコスモス概念をより具体化すること、とりわけ、見積もり、評価する仕方を具体化すること、しかし、かといって、個人の私的関心・人間中心主義的観点に還元されるものではない、そうした評価の仕方を具体化することであった。私見によれば、だからこそ、具体倫理学では、規範的なコスモス概念以上に、評価的な自然像が強調されているのである。

1　人間以外の存在との応分なつきあい

人間以外の存在とのつきあい

より狭義の具体倫理学である自然倫理学（ここでほんの少しだけ注意を促しておけば、ジープの自然倫理学には生命倫理学、医療倫理学および環境倫理学が含まれる）は、人間の間だけのつきあいを越えた、より包括的なつきあいを積極的なものとして捉える。その場合、どうしても避けて通ることができない課題として浮上してくるのが、（いまふれた）包括的なつきあいを応分に見積もり評価する、そうした基準を具体化することである。

具体倫理学が総連関主義（ホーリズム）であることはすでにふれた。この総連関主義を人間中心主義と重ね合わせて見た場合、次の点を指摘することができるであろう。すなわち、総連関主義の重点は、どこまでも連関の仕方なのであって、連関項の否定にあるのではない。だから、狭義の具体倫理学としての自然倫理学が目指す具体化もこの線上において図られる。

種の多様性はどうして大切なのだろうか

種の多様性が重要だということは、さまざまな局面で強調されているところであり、自明であるかのように見える。けれども、そもそもどのような根拠からして、ある種の絶滅を、自然的な進化に介入してまでも回避すべきなのであろうか。自然の進化の過程においては、無数の絶滅種があったはずなのに、それでもやはり希少種を保存すべきとする根拠はなんであろうか。その根拠を照らし出してみると、思いのほか、人間中心主義的な側面が浮かび上がってくる。

いわく。種は、地球上のあらゆる人間に、「農業、医療、経済上の恩恵」をもたらしてくれる天然資源である。例えば、発展途上国で利用されている医薬品の「四分の三」がさまざまな動植物から得られている。さらには、合衆国でさえ同じような事情のもとにあり、処方薬の「四分の一」以上が動植物から得られている。だから、もしそういった種が絶滅すれば人間に多大な影響が出てしまうこととなる。いわく。合衆国の農業は違う地域に生息する他の変種をもとに改良種を開発することで、生産性と病気に対する抵抗力を保持してきたが、もしこうした他の種や変種が絶滅したら合衆国の農業は根本的な敗退を余儀なくされることとなろう。いわく。人間が生物種の生息地を破壊し、そうして生物種を絶滅に追いやることは、人間にもたらしてくれる恩恵を自ら放棄するに等しいではないか、等々。

さらには、国際取引を規制して、絶滅のおそれのある野生動植物を保護することを目的として、一九七五年に発効されたワシントン条約でさえ、次のように述べている。すなわち、野生動植物の価値を、「芸術、科学上、文化上、レクリエーション上及び経済上の見地から絶えず増大するもの」と規定している。ここでは、明らかに、人間にとって必要となる「生物資源」という観点から、野生動物種の多様性が必要となることが語られている。ワシントン条約より四年早くイランのラムサールで開催（「湿地及び水鳥の保全のための国際会議」）され、一九七五年に発効されたラムサール条約（「特に水鳥の生息地として国際的に重要な湿地に関する条約」）においても、その観点は同様だと言いうる。すなわち、「湿地は経済上、文化上、科学上及びレクリエーショシ上大きな価値を有する資源である」と。

しかし、そうした人間中心主義的な観点からしか、種の多様性の意義は語りえないのであろうか。むしろ、われわれ自身が「自然に備わっている価値」を経験してきた、と言えないだろうか。

少なくとも、人間と人間以外の存在とのつきあいを応分に見積もり、評価することを課題とする自然倫理学の観点から見て、自然の種の多様性を、人間のための（あるいは人間に役にたつ）種の多様性に「引き下げること」は大いに疑問が残ると言わざるをえないであろう。

「自然の階梯」

自然倫理学は、人間中心主義によらずに、種の多様性を応分に位置づける道を提示する。それが自然の階梯である。この場合の自然とは、〈人間によって－つくりだされ－ない－存在〉である。だから、自然の階梯は、人間によっては影響を受けず、したがって、人間が生み出したものではない、そうした自然の秩序である。すなわち、無機物から有機物へ、そして植物的生命や動物的生命を経て、人間的生命へと上昇する位階の系列である。「上昇」といっても、ここでは、人間中心主義的な序列、すなわち、人間を最終目的として立てることで、その人間を最上位に置いて総体の完結性を与えるような序列ではない。また、この階梯においては、無機化学の対象より動物学の対象の方が卓越しているわけでもない。そのかぎり、この階梯は、人間との近疎に基づいて価値が定められるようなものではなく、あくまでも「機能やシステムの複雑性の増加と独立化」といった（人間にとっての価値からは）中立的な階梯である。

自然の階梯は、むろん、人間によって生み出されたものでも、人間が作り出したものでもない。けれども、そうした自然の階梯におけるそれぞれの存在には、それが存在するものであるかぎり、なにかしらの価値が、すなわち、その階梯のなかにある存在にとっての価値があるということは、（前章でふれた価値の二分法をとらないかぎり）自明である。だから、自然の階梯をたとえ人間が産出したものではないとしても、評価することはできる。「善き世界」という総体のなかに自然の階梯を位置づけることによって、さまざまな発展が持つ固有の論理を公正かつ適切に扱うことが可能となる。だから、さきに（第11章）価値の定義でふれたそれだけの価値があるということを応分に評価できる。

種の多様性が人間のためにあるのではない、けれども、人間にとって不可分のかかわりを持つ——こうした位置づけは、もはや明らかなように、自然の階梯において可能となる。自然倫理学は、人間以外の存在との応分なつきあいもまた、自然の階梯を通して、具体化する。

2　主観性の位置づけ

共同参画する主観

具体倫理学は、次のようなテーゼを主張する。すなわち、生命や環境をめぐる現代の諸問題に対して諸個人がとるべき行為を倫理学が評価すべきとするなら、「そうした倫理学は主観性の原理からだけでは展開されない」。主観性の原理に明確な限界を認める点で、ジープの具体倫理学は、さきの二章（第9、10章）で論じられたヨナスやマイヤー＝アービッヒの「実践的自然哲学」を継承するものである。けれども、より正確に言えば、その変奏である。なぜなら、具体倫理学は、主観性の新たな意義と役割を認めるものだからである。

すでに見たように、価値をただ私的に投射するだけの主観、自らをすべての中心に置くことによっていっさいを道具化する主観、そうした主観は具体倫理学においては否定される。けれども、かといって、主観をただ破壊的に廃棄するだけであれば、それもまた具体倫理学の真理要求にそぐわない。それゆえ、主観を応分に見定め位置づけることが不可欠となる。

自己意識的な個人としての主観は、ただ単に他の人間に対して、倫理的に正しいと見なされる行為が自らに課せられていることを知りうるだけではない。さらに、人間以外の存在に対しても倫理的に正しいと見なされる行為が自らに課せられていることを知りうる。人間の多様性および人間以外の存在の多様性を視野に入れるということは、自らの自由に対する制限が不可避的に伴うのを知ることでもある。ただし、その場合の主観は、もはや「純粋理性」（この場合の「純粋」ということばは経験に依存しないという意味で、アプリオリということと同義である）としてではなく、「耳を傾ける」具体的理性（この場合の「具体的」ということばは経験的ということと同義である）としての主観である。ここに、共同参画する主観（むろん、この場合の「共同参画」ということばは単に人間の間だけのことではなく、人間以外の存在をも含めてのことである）の新たな役割がある。すなわち、こうした多様性を「善き世界」へと統合し、そのうえで、総体としての「善き世界」に則り、自らの行為を評価する、そうした主観である。評価的主観は、だから、具体倫理学（そして、狭義の具体的倫理学としての自然倫理学）にとって不可欠となる。

太陽を見るという行為

そこで、自然倫理学における主観の意義と役割を太陽を見る行為という事例によって吟味してみたい。たびたびふれたように、自然倫理学は人間と人間以外の存在との応分なつきあいを具体化することを目指す。だとすれば、そうしたつきあいのうちに微妙に絡み合っている人間（主観）と人間以外の存在（客観）とのつながりを浮き彫りにすることは不可欠なものとなるはずである。

人間が太陽を見るということは、太陽を見る主体が路傍の石でも木でもなく人間自身だということである。けれども、この点の確認は、だからといって、単なる主観主義を意味するものではない。というのも、人間を、太陽を見ることの根拠と見なすわけにはいかないからである。むしろ、太陽こそが可視性の根拠にほかならない。すなわち、人間が太陽を見ることを可能にしているのは太陽そのものなのである。けれども、この点の確認は、だからといって、単なる客観主義を意味するものでもない。そのかぎり、さらに次のように言わなくてはならない。すなわち、見るという行為を可能としている太陽をそういうものとして把握しているものこそ実に人間自身である、と。人間がこうした認識を得るのは、人間が太陽の光によって導かれることによって、可能となる。けれども、この点の確認は、だからといって、単なる自然主義を意味するものではない。というのも、人間が太陽の光の導きによって把握するものは、見るという人間の行為と可視性の根拠としての太陽との連関そのものにほかならないからである。

こうした連関を応分に評価し、総体のうちに統合する固有の役割を主観は担いうるのである。

3　責　任
——未来の到来——

未来世代に対する一方的責任の可能性

ジープは、ヨナスの未来倫理学における未来責任論を高く評価する。けれども、当然のことながら、すべての点において賛同するわけではない。具体倫理学の観点から言えば、比較考量のプロセスをより重視する。この点を未来責任論の根本特徴である「一方性」に焦点を当てて吟味することとしたい。

周知のように、ヨナスは、従来の倫理学の基礎にある「相互性」に対して、未来倫理学の基礎を一方性として特徴づけた。従来の倫理学では、例えば、私の権利は私だけに妥当するものではなく他者にも妥当する、と考える。というのも、「他者の権利は、私の権利が他者へと投影されたもの」だからである。この場合の前提は、私も他者も自立的かつ対等な権利主体として存在していること、である。別な言い方をすれば、私の権利も他者の権利も相互的なものとして承認されていること、である。これに対して、未来倫理学は、そうした相互性を前提としない責任、すなわち、未来世代に対する現在世代の一方的責任を説く。このように、未来世代に対して現在世代が責任を負うということは、未来世代からその見返りを現在世代が享受することがないという点で、相互的なものではない。同時にまた、未来世代がまだ存在していない点で、未来世代との相互的な合意を得たものでもない。あたかも、親が自らの子どもの養育に一方的に責任を持つかのように。

こうした未来責任論の一方性は、しかし、その実現可能性という点から言えば、現在世代の間の相互的な合意なくしては、遂行されえない。ジープの具体倫理学においても、合意形成のプロセスが重視される。それは、一方的責任という価値決定に参画することとして表わされる。だから、必要な比較考量のプロセスにあらかじめ決定を与えておくということは、評価の可能性、すなわち、一方的責任の意義を見積もり、応分に位置づけ評価する可能性をも閉ざすことになる。それゆえ、具体倫理学の観点から言えば、一方的責任は、現在世代の間の相互的な合意を媒介しなくてはならない（近年、スイスやオーストリアのエコロジー憲法において、「将来世代後見人」や「環境代理人」「後世の保護のためのオンブズマン」といった制度について言及されるようになったと聞く。こうした動向は現在世代の間の相互的な合意という観点からも興味深い)。

環境危機の自然倫理学的反省

自然倫理学が未来という時間軸に対して積極性を発揮できる次元は、持続性である。それによれば、持続性の原理の要素は二つある。一つは時間的要素であり、もう一つは内容的要素である。前者は、未来世代のために資源を残すべきこと、しかも気候条件も含めた生活条件を悪化させてはならない、というものである。後者は、自然循環と再生能力を保持しなくてはならない、というものである。たしかに、持続性は、個人の利益に役立つこともありうる。例えば、自らの子どもに十分な財産を残すことで、老後の面倒を子どもに期待できるだろう、というように。けれども、時間軸をもっと長く取って、農林業の場合を考えてみると、そこには働いている未来に対する日常的な配慮は、個人の利益に直結しない。だから、ヨナスのように、あえて人類の存在を絶対的価値と見て、その存続を第一の定言命法に高めることもできる。けれども、実際のところ、暴君やテロリストや破壊者からなる人類をそのまま絶対的価値を持つものと見ることにはなにかしらの抵抗があろうというものである。かといって、そこから、人類の未来にストップをかける権利を導き出すこともできないであろう。つまるところ、人類の存続を気遣う絶対的義務を誰もが持つということは自明でないままである。

そこで、ここに評価と経験という視点を挿入してみよう。そうすると、次のように言いうることになろう。すなわち、自らの子孫への配慮は、人間によって積極的に「評価される行為様式」である。未来世代への配慮もまた、自らが属する集団の繁栄という価値に貢献するものと評価される行為様式である。このように考えることは、あらゆる人間が「相互に依存しあう経験」を通して支持される、と。

だから、持続性は、「評価と結びついた価値」なのである。むろん、この評価は、さきほどふれた内容的要素、すなわち、資源や生活諸条件の自然的再生、「自然の循環過程」と不可分である。そのかぎり、自然過程に見合った世代間の配分形式として持続性を捉えることができる。したがって、持続性がそのようなものとして見出されるのも、「再生の自然過程を積極的に評価することによってである」。

ここに、自然倫理学が説く責任の在りどころがある。未来世代に対する現在世代の責任とは、未来を現在に到来せしめることにほかならない。その到来の根拠となるのがわれわれの責任なのである。

〔参考文献〕

L・ジープ「具体倫理学における主観性の止揚」広島大学応用倫理学プロジェクト研究センター編『ぷらくしす（Praxis）』（二〇〇五年冬号）
稲生勝ほか編『環境リテラシー——市民と教師の環境読本』（リベルタ出版、二〇〇三年）

山内廣隆『環境の倫理学』（丸善、二〇〇三年）
長崎総合科学大学人間環境学部編『人間環境学への招待』（丸善、二〇〇二年）
K・S・シュレーダー＝フレチェット編『環境の倫理』（上）（晃洋書房、一九九六年）
K・マイヤー＝アービッヒ『自然との和解への道』（上）（みすず書房、二〇〇五年）
H・ヨナス『責任という原理』（東信堂、二〇〇〇年）

あとがき

本書の著者は、一貫して西洋近現代の哲学・倫理学研究を行なってきた五名と、アメリカ近現代文学研究を行なってきた一名である。いずれの著者もそれぞれの専門分野で、相当の業績を上げ、一家を成している兵どもである。したがって、それぞれの章がそれぞれの仕方でそれぞれの光彩を放っている。そういう意味で、本書の各章は独立した読み物として読むこともできる。しかしながら、本書最大の特徴は、全体が一つの方向性をもって描かれている点にある。

大学のテキストとして使用される本は、当該問題の原因や、それについてのさまざまな学説の紹介を中心に描かれることが一般的であろう。本書のテーマである「地球環境」に関して言えば、「なぜ地球環境問題は生じたのか」「その問題を解決するために、人間はどのように考えてきたのか」などを網羅的に紹介するのが普通であろう。

しかし、本書はそのようなことも論じてはいるが、その中心を流れているのは「実際に地球環境問題を解決するためには、人類はどのような立場に立たなければならないか」という根源的問いであり、問題解決への強い思いである。「実際に地球環境問題を解決するための」骨太の哲学として本書が取り上げたものは、あるときはスピノザの哲学であり、あるときはヘンリー・ソローの文学である。そして現代もっとも注目すべき哲学として取り上げたのがクラウス・マイヤー＝アービッヒやルートヴィヒ・ジープの実践的自然哲学である。われわれは現在、このような哲学や文学をわれわれの実践の基盤として措かない限りは、地球環境問題を解決することは不可能であると考えている。

もちろん、アービッヒとジープは両者共に「全体論」の立場に立つ。しかし、両者の全体論は大きく異なる。地球環境問題を解決しようとすれば、なんらかの全体論的立場に立たなければならないであろう。しかし、それが「いかなる全体論であるべきか」は決して明らかになってはいない。おそらく両者の間にわれわれの定点が存在するはずである。本書がこの定点を定めるための出発点になることを心より願っている。

二〇〇七年八月

第4巻編集世話人

山内廣隆

ナ　行

ハ　行

マ　行

ヤ　行

ラ·ワ　行

サ　行

タ　行

事 項 索 引

人名索引

ア　行

アインシュタイン Albert Einstein 109
アウグスティヌス Aurēlius Augustīnus 87
アドルノ Theodor Wiesengrund Adorno 35
アリストテレス Aristotelēs 5, 6, 138
アーレント Hannah Arendt 109, 142
エマソン Ralph Waldo Emerson 43–47, 54, 58

カ　行

カーソン Rachel Louise Carson 18, 48, 50, 51
カーライル Thomas Carlyle 44
ガリレイ Galileo Galilei 4, 11, 76, 86
カント Immanuel Kant 44, 63–70, 72–74, 92, 97, 103, 112, 126–128
クーン Thomas Samuel Kuhn 4
ゲーテ Johann Wolfgang von Goethe 45, 92, 122, 124
コウルリッジ Samuel Taylor Coleridge 44

サ　行

シェリング Friedrich Wilhelm Joseph von Schelling 44, 88, 91, 92, 94–104
ジープ Ludwig Siep 134, 137–140, 142–144, 146, 147, 151, 153
シュトラウス Leo Strauss 109
シンガー Peter Singer 23
スピノザ Baruch de Spinoza 76–79, 81–89, 91, 100, 103, 104, 127, 128
セッションズ George Sessions 34
ソロー Henry David Thoreau 45, 46, 48–50, 53–62

タ　行

ダ・ヴィンチ Leonard da Vinci 9
ターナー Frederick Jackson Turner 44
ダランベール Jean le Rond D'Alembert 12
ディドロ Denis Diderot 12
デカルト René Descartes 4, 6–8, 47, 76–78, 81, 86

ナ　行

ナッシュ Roderick Frazier Nash 48
ナポレオン Napoléon Bonaparte 14
ニュートン Isaac Newton 4, 12, 64
ネス Arne Næss 18, 19, 24–29, 33, 36, 37

ハ　行

ファラデー Michael Faraday 104
フィヒテ Johann Gottlieb Fichte 45, 92
ブクチン Murray Bookchin 30, 32
プラトン Platōn 45
ブルーノ Giordano Bruno 79
プロタゴラス Protagoras 42

長島隆（ながしま・たかし）

1951年生まれ。早稲田大学大学院文学研究科博士課程単位取得満期退学。哲学専攻。東洋大学教授。'Challenge from Japan and Asia' in *Japanese Journal of Philosophy and Ethics in Health Care and Medicine*, Nr. 1,（2006. Tokyo),『ドイツ観念論を学ぶ人のために』〔共著〕（世界思想社，2005年),「知的直観——カントとスピノザの交差，あるいは自然哲学の理論的基礎」『理想』（674号，2005年),他。

〔**担当**〕第Ⅱ部（第7章，第8章）

木村博（きむら・ひろし）

1955年生まれ。法政大学大学院人文科学研究科博士課程単位取得退学。哲学専攻。長崎総合科学大学准教授。『現代に生きる江渡狄嶺の思想』〔共編〕（農文協，2001年),「安藤昌益の非戦論」（『平和文化研究』第26集，2004年),'Sehen und Sagen : Das Sehen sieht das Aussagen seines Grundes' in *Fichte-Studien*, Bd.20, hrsg. von H.Girndt, Amsterdam-New York, NY2003.，他。

〔**担当**〕第Ⅲ部（第11章，第12章）

■著者紹介（執筆順）

山内廣隆（やまうち・ひろたか）

1949 年生まれ。広島大学大学院文学研究科博士課程単位取得退学。西洋近世哲学専攻。博士（文学）。広島大学大学院教授。『ヘーゲル哲学体系への胎動――フィヒテからヘーゲルへ』（ナカニシヤ出版，2003 年），『環境の倫理学』（丸善，2003 年），L.ジープ『ジープ応用倫理学』〔共訳〕（丸善，2007 年），他。

〔**担当**〕まえがき，第Ⅲ部（第 9 章，第 10 章），あとがき

手代木陽（てしろぎ・よう）

1960 年生まれ。広島大学大学院文学研究科博士課程単位取得退学。西洋近世哲学専攻。神戸市立工業高等専門学校教授。「「非加法的蓋然性」を巡る展開――ヤーコプ・ベルヌーイとランベルト」（関西哲学会年報『アルケー』第14号，2006年），『知の 21 世紀的課題――倫理的な視点からの知の組み換え』〔共著〕（ナカニシヤ出版，2001 年），L. ジープ『ジープ応用倫理学』〔共訳〕（丸善，2007 年），他。

〔**担当**〕第Ⅰ部（第 1 章），第Ⅱ部（第 6 章）

岡本裕一朗（おかもと・ゆういちろう）

1954 年生まれ。九州大学大学院文学研究科博士課程単位取得退学。哲学・倫理学専攻。玉川大学教授。『モノ・サピエンス――物質化・単一化していく人類』（光文社，2006 年），『ポストモダンの思想的根拠―― 9・11 と管理社会』（ナカニシヤ出版，2005 年），『異議あり！　生命・環境倫理学』（ナカニシヤ出版，2002 年），他。

〔**担当**〕第Ⅰ部（第 2 章，第 3 章）

上岡克己（かみおか・かつみ）

1950年生まれ。東京大学大学院人文科学研究科修士課程修了。アメリカ文学専攻。高知大学教授。『アメリカの国立公園』（築地書館，2002 年），『森の生活――簡素な生活・高き想い』（旺史社，1996 年），『ウォールデン』〔共編〕（ミネルヴァ書房，2006 年）。

〔**担当**〕第Ⅱ部（第 4 章，第 5 章）

シリーズ〈人間論の21世紀的課題〉④
環境倫理の新展開

2007年11月22日　初版第1刷発行

著者　山内廣隆
　　　手代木陽
　　　岡本裕一朗
　　　上岡克己
　　　長島隆
　　　木村博

発行者　中西健夫

発行所　株式会社 ナカニシヤ出版
〒606-8161　京都市左京区一乗寺木ノ本町15
電話（075）723-0111
FAX（075）723-0095
http://www.nakanishiya.co.jp/

製本・印刷／シナノ

ISBN978-4-7795-0188-3　Printed in Japan